有性格的空间

色彩情感与室内配色指南

宋文雯　著

化学工业出版社

·北京·

内容简介

　　不同于以往的室内色彩书籍，本书以讲故事的方式，将色彩的历史与颜色的科学图文并茂地展现给读者，并介绍了国际通行的孟塞尔、劳尔、NCS等色彩体系，带领读者对色彩知识有一个系统了解。在此基础上，讲解色彩的统一与对比等基本美学原则。同时，本书首次引入了清华大学艺术与科学研究中心色彩研究所的自主研究成果，以10个"中国人的情感色调"作为色彩在室内设计领域的应用基础，给读者以清晰的配色方法指导。

　　书中配有大量高质量的室内设计案例，以配色结合材质、肌理、照明等综合分析，使本书成为集科学与美学、设计与应用、理论与实践于一体的参考书。无论是室内设计、环境艺术设计等相关专业的在校学生，还是建筑行业、装饰装修行业的从业设计师和产品生产商，都能从中获益匪浅。

清华大学文科建设"双高"计划项目：
基于设计学科的色彩艺术与科学应用研究2021TSG08202

图书在版编目（CIP）数据

有性格的空间：色彩情感与室内配色指南／宋文雯著. --北京：化学工业出版社，2022.6（2023.9 重印）
　ISBN 978-7-122-41207-2

　Ⅰ.①有… Ⅱ.①宋… Ⅲ.①室内色彩—室内装饰设计—指南　Ⅳ.①TU238.23-62

中国版本图书馆CIP数据核字（2022）第060602号

责任编辑：孙梅戈
文字编辑：刘　璐
责任校对：杜杏然
装帧设计：李子姮　对白广告

出版发行：化学工业出版社
　　　　　（北京市东城区青年湖南街13号 邮政编码100011）
印　　装：北京瑞禾彩色印刷有限公司
787mm×1092mm　1/16　印张20　字数408千字
2023年9月北京第 1 版第 3 次印刷

购书咨询：010－64518888
售后服务：010－64518899
网　　址：http：//www.cip.com.cn
凡购买本书，如有缺损质量问题，本社销售中心负责调换。

定　　价：138.00元　　　　版权所有　违者必究

我们对色彩的感知和表达，是一个与生命共成长、与文明共发展的过程。

序一

萧礼标
蒙娜丽莎集团董事兼总裁

婴儿刚诞生时，只能看见黑白两色，6个月左右才逐渐感知到彩色，也促使其对世界充满更多的好奇和求知欲。在不同的人生阶段、不同的思绪情境下，我们对色彩的感受也不同。

色彩即思想
　　　　　　　　　　——画家列宾

以我观物，故物皆著我之色彩
　　　　　　　　　　——学者王国维

由此可见，色彩虽是一种客观的存在，但我们的主观感受却赋予它人的个性表达，从而在视觉、情感、意境上产生审美效果。而空间，作为承载人类情感的重要载体，其装饰自然体现着居所主人的品位与思想。正如本书中，作者以全面系统的理论、细致入微的洞察，以及专业的视角，为我们解读空间、色彩与情感表达的关系，可谓是一本发人深省的匠心之作。对于相关专业人士而言，这是一本集大成的著作；对于普通读者而言，这是一本用色彩帮助自己打开认知、重新发现自己的书；而对于我们陶瓷行业的人来说，这是一本第一次将陶瓷的图案、色彩及调性与室内空间紧密结合在一起的具有指明灯意义的大作。

每一种空间装饰风格的塑造，都是材料与色彩的碰撞。瓷砖，往往被称作空间装饰的底色，随着岩板应用于墙面、地面、台面、柜门等区域，瓷砖产品的装饰面积不断增多，其空间表现力越来越强。就国内先后流行的主流装饰风格而言，从奢华欧式风到现代简约风，再到高级轻奢风，瓷砖产品对应的主流色彩由米黄、米白转向黑白灰，再转向如今的跨界多色，这是一个随着社会发展而不断更迭的过程，也反映了人们在不同的文化环境下内心释放的个性需求。

陶瓷行业要着重探索的，便是如同本书作者一样，以人为本，洞察人们的内心需求，以瓷砖产品帮助大众用色彩与空间对话，实现人与物的神形和谐。不管是体现贵气的金黄色系，代表自由个性的黑白灰色系，温暖治愈的中性色，还是充满希望和活力的多色系融合，都是人们个性和审美的诉求，更是促使陶瓷行业不断探寻产品张力的强大推动力，因为独特的色彩设计是打开创新之门的密钥。

我们期待陶瓷行业，能与作者一道，运用色彩密钥，开启空间装饰的新世界！

吴俐萍 Lillian Wu
美国邓恩涂料中国色彩总监

人自从呱呱坠地来到这个世界，首先看到的不是一个物体的形状，不是接生医生，也不是爸爸妈妈，而是一道光，带着色彩的光。婴儿能在黑暗中安静休息，也能在刺眼的光照下醒来，能在粉色的环境下变得安静，也能在猩红色的环境里变得激动或惊恐。所以说，人对世界的认识是从色彩开始的，色彩会影响人的七情六欲，由此可见色彩对人的重要性。而色彩对于设计师，更是一生都要修炼的课程。

众所周知，人类感知色彩的能力是作为适应环境的一种本能而发展起来的，色彩原本并没有温度、没有冷暖，而是因为人的感受和感觉，被赋予了情感和温度，从而被划分为冷色、暖色、中性色。

既然色彩是有情感的，我们如何去感知，如何把不同的情感正确地注入我们的设计、生活中？现在越来越多的色彩研究人士意识到这是个问题，人们需要系统的知识，需要将经验相互分享。

色彩是美学的重要组成，在我国对色彩的研究尚属起步阶段。很多高等学府并没有专门开设色彩学课程，色彩被融入各个专业，由非色彩学专业的老师顺带教学。甚至有人认为色彩是不能教出来的——它是一种严格的直觉，必须依赖于某些人与生俱来的天赋才能。但这本书会让你知道，色彩的知识，是由各个学科系统地组合而成的。

已经有很多人或团体尝试去发现和探讨色彩使用的奥秘，色彩选择之间的关系以及情感影响或意义。他们通过各种各样的实验研究色彩的各种功能。虽然关于色彩的书籍很多，但聚焦于色彩情感的，并且从专业学术角度去逐层剥离、分析、举证的书籍却不多见。

另外，除了设计专业的学生和专业设计师，几乎每个人都要面对与他们生活和工作有关的色彩。这本书也可以为那些有色彩选择需要的人士提供参考。

本书的作者宋文雯女士，出生于美学世家、书香门第，从小就受到专业的美学熏陶。长期的耳濡目染，令其对美学特别是色彩有了一份特殊的眷恋和痴迷。她曾在英国留学学习色彩专业，回国后一直致力于她最爱的色彩的研究和教学，与生俱来的天赋和后天长期执着的耕耘，让宋文雯女士在色彩方面积淀了深厚的学问。宋文雯女士是我非常亲密的朋友，我们因对色彩执着的热爱和相似的人生观而成为挚友。我衷心希望本书顺利出版，祝愿读者都能收获满满！

色彩在我们的生活中无处不在，蓝色的天空、白色的云朵、绿色的森林、金黄色的麦田……它影响到人们的衣着打扮、居室布置，以及对生活用品的选择甚至是情感的表达。正因为色彩的存在，我们的世界才更加丰富多彩。

色彩是一种视觉上的语言，可以传达信息，不同的色彩给人一种不同的视觉感受与联想，冷暖、明暗、远近、轻松、活泼、严肃、冷静等，一切的心理感受都可以通过颜色进行传达，颜色与材质的结合又给予空间更高层次的视觉与心理感受，改变颜色、色调或材质，就可以唤起不同的感受，达到影响设计的效果。

在一个空间中，墙面色、顶面色又是室内空间最重要的色彩组成，它对营造室内空间气氛起到了支配的作用，因此，墙面、顶面材料的质感、纹理、颜色，就具有不可撼动的地位。而涂料就是他们的载体，艺术涂料更是装饰墙面、顶面时较为重要的选材。

艺术涂料与传统涂料最大的区别在于质感和纹理，在室内装饰设计中，艺术涂料被广泛应用，正是因为肌理所带来的质感，为颜色增加了新的维度。宋老师这本专著中提出的空间中的色彩、材质与肌理的全色貌概念，正是艺术涂料所具备的全部特色。从涂料本身的细节，到艺术涂料在整体空间中的呈现，都契合了"空间CMT"这个概念，以质感营造新的色彩视觉。

艺术涂料最早起源于欧洲，因其具有丰富的色彩，被广泛用于宫廷壁画等的制作，在欧洲有着悠久的应用历史。20世纪90年代，艺术涂料开始进入中国市场，与不同工艺、材料相结合，能够呈现出各种纹理、图案、颜色，并支持定制化施工，可满足消费者对个性化装饰的需求。

序三

王辉
卡百利新材料科技有限公司
董事长

近年来，随着国内消费升级，人们对家居生活的品质要求也越来越高，而艺术涂料凭借其新颖的装饰风格、不同寻常的肌理效果、千变万化的颜色搭配，以及个性化的私人定制，倍受人们尤其是年轻一代消费群体的推崇和喜爱。艺术涂料也一举成为最高端的墙面装饰材料，彻底摆脱了传统乳胶漆大白墙的单调装饰效果，彰显了艺术品位。

目前，艺术涂料行业每年都在以惊人的速度发展，并与软装、全屋定制等行业联系紧密，为其创造贡献。艺术涂料是对乳胶漆的升级换代，我们相信，艺术涂料未来会在室内墙面装饰中起到举足轻重的作用。期待通过本书的传递，让艺术涂料走近设计师，走入人们的生活。

从出生睁开眼的一刹那起，我们就接收到了来自大自然的色彩，阳光、青草、白云、大海，周围的每一寸都传递着色彩带给我们的讯息，我们总会感叹于大自然的美景并融入其中。色彩存在于我们的日常生活中、教学中、居住空间中，如空气和水。

序四

熊纹用
奥田电器总裁

当品质消费升级，社会快速进步，物质生活飞速变化时，色彩对于满足人们的审美需求与室内空间环境搭配显得极为重要，也对空间设计与色彩美学提出了更高的要求。色彩与空间相互依存，色彩是居住者情绪、情感与性格喜好的表达，人、色彩、空间三者相互融合才是一个完整的、和谐舒适的居住环境。

当然，影响这一完整的舒适空间的因素是多方面的，如居住者的经历与眼界、地域文化的差异、色彩与材质的选择，以及动静之间色彩在不同家居场景中的转换应用。

作为中国家电行业的从业者，深切感受到家电业的品类价值战早已转化为家居的场景战，从产品企划到场景企划，厨房空间正在步入高端化进程。新兴品类的带动也让中国的客厅经济向厨房经济转移，厨房场景的创新品类层出不穷，厨房已从单纯的烹饪需求场所转化成社交型场所，这对相关从业者解决创新品类在厨房场景中如何更好地融合产品与空间环境问题，以及对如何进行色彩搭配、材质运用与创新带来了考验。

我们有幸能参与到宋文雯女士带领的色彩研究所对中国室内空间环境色彩的针对性研究中，将这份热爱与专业赋予执着的耕耘，带动对中国色彩的前瞻性研究并将研究成果运用到实践中。尤其对于厨房空间这类原本相对冷门的空间环境来说，大多数色彩来自橱柜、墙面、顶面、地面，颜色搭配相对单一，而厨电产品的色系搭配更是少之又少，多以白、灰、黑为主。宋文雯女士这本书针对厨房空间也有着专业的分析与见地，也就是说，一个理想的厨房空间应该是能将色彩设计、居住者对厨房空间设计的需求、产品内涵与材质肌理相融合，显得舒适且不突兀。

这本书对每一个空间环境的色彩分析、材质肌理的选择、色彩使用奥秘的研究细致入微，对于专业设计师来说有着极为重要的指导作用，对于普通阅读者来说能很好地提升自我对生活的审美。相信每一位翻开此书的人，都能通过此书对色彩的深入研究获得一些启发！

序五

潘孝贞
金牌厨柜家居科技股份有限
公司总裁

大自然孕育了生命，与此同时也晕染了一个绚丽多彩的世界。苍穹与繁星、山川与林海，世间一草一木皆是色彩的灵感源泉。人类把对色彩的感知从感性到理性，自觉地运用到生活中来，赋予了性格，赋予了情感。因为色彩，人与空间、环境、产品间产生了温度和情绪，色彩也因此具有了交流与交互功能。

我们正处于一个消费升级的时代，时代在变，用户在变，但人们对品质和美的追求和向往不变。今天的家居场景更强调空间与人的共生关系，更需要场景与环境、产品的极致"体验感"。互联网的发展以及虚拟现实技术进步，使"Z世代"的消费者对于"家"有着独到的见解和需求。他们个性张扬、寻求差异化，更主张自我的表达与交互性。而家居的色彩恰如其分地成为消费者对生活的情感宣泄与表达的最佳载体。

色彩是家居产品的生命。色彩，成为家居设计及空间搭配中不可或缺的重要组织组成。色彩影响风格，风格圈定用户群体。风格是颜色＋元素＋肌理＋材料等多种设计语言的综合表现，也是表达空间或产品的外在语言；风格又在某种意义上代表了一个时代、一群用户的特征画像。特别是全屋家装一体化大趋势下，掌握定制家居产品色彩设计、色彩搭配、色彩应用等能力成为家居行业研发设计人员的必备专业技能。他们除了不断精进产品功能，更应同时关注新一代消费群体对色彩的需求，还要善于分析不同材质的色彩变化。抓住了大部分消费者的需求，才能实现有目的地开发新产品。特别是处于后疫情时代，消费者开始推崇家的绿色、自然、健康，便可以用色彩来烘托室内气氛，营造一种情感寄托。

关于色彩的研究与应用是一个亘古而又有现实意义的研究课题。宋老师将室内空间环境色彩的研究结果编著成书，从用户情感色彩认知研究的角度出发，创新地提出 CMT 概念即颜色、材质与肌理，是我们定制家居设计师们的福音。定制家居的产品研发已经进入深水区，不再是对造型、选材简单地拿来主义，要求我们家居产品设计师，深入捕捉客户需求与行业痛点，因地制宜、因人制宜、因材制宜，与饰面材料商、色彩设计师联合研发，为用户开发出更健康、更舒适而又有性格的好产品。

宋老师本书的出版，无论是对家居产品设计师、环境艺术设计师等从业者，还是希望提升色彩审美能力的普通色彩爱好者来说，都能在此找到一把打开色彩缤纷世界大门的钥匙，一条打通空间与用户情感深处的便捷路径，看到更多的精彩。

这是一本写给所有热爱色彩、对室内空间设计感兴趣的人的书。

在为一个空间做完了动线设计和空间布局等基础架构以后，色彩就隆重登场。

为什么这么说？因为，色彩是一个空间的灵魂。色彩决定了一个空间的形象、气质、美感、功能和情感。

因为，颜色是一种无声的语言，一种全人类都懂的语言。

对于设计师，色彩是能轻易地体现你的与众不同的工具。

对于消费者，自己的房子如何布局色彩，也是体现审美能力的标志之一。

颜色，如同空气一样出现在我们周围。我们每一天睁眼醒来，从窗外的天空到眼前的衣物和周围的一切，颜色都无处不在。

在人类历史的变迁中，颜色的故事如同颜色自身一样点缀和精彩着整个进程。颜色是人类从生理上和文化上体验世界的重要途径，是人类最重要的视觉体验。在语言还没有诞生之前，人类就用视觉图案进行沟通和表达，而画面中的颜色，则代表着各种今天的我们不得而知的意义，成为视觉中首要的沟通语言。

然而，什么是颜色？颜色从哪里来？彩虹真的是由七种颜色组成的吗？物体本来有颜色吗？天空为什么是蓝色的？我们今天看到的颜色和古人看到的是一样的吗？颜色是怎样打动你的？如何理解颜色的美？或者简单地说，颜色是不是真的存在？

自序

宋文雯

2021.3.19

于清华大学色彩研究所

20世纪80年代，拥有三十多年科学经验的学者拿骚（Kurt Nassau）在其《颜色的物理和化学：颜色产生的15个原因》一书中，通过探讨十五种不同的颜色成因及其在生物学、地质学、矿物学、大气、技术和视觉艺术中发生的微妙变化，探究了颜色的物理和化学起源。对所有上述问题的解答，说明了颜色研究是一个涵盖了物理学、化学、哲学、生理学、心理学、生物学、语言学、人类学以及美学等多方位、多学科的综合研究。

大多数人提及颜色，都会想到艺术和绘画，颜色科学的诞生和进步极大地影响了艺术的发展。印象派的诞生与光学色彩理论的突破有着重要的关联，现代印刷技术的网点叠印则可以看作是点彩派艺术的一种实际应用。现代光学和视觉心理学的进展催生了被称之为视幻艺术、光学艺术或者视网膜艺术的奥普艺术。因此，颜色是一个融合了艺术与科学的载体，在中文的语境中，我常常以"颜色科学，色彩艺术"来诠释colour或color这个英文单词，"颜色"二字更理性和直接，"色彩"则更感性和人文。

人眼可以物理感知数百万种颜色。但是，人类对颜色从感觉、感知到认知，证明了我们并非都以相同的方式识别和记住这些颜色。色彩之所以迷人，因为它既是客观的，又是主观的，至于颜色是不是存在？我很期待你在看完本书以后和我共同探讨这个初始而又终极的问题。

对物理学家来说，颜色是物体表面反射的光源特定的电磁波；对化学家来说，颜色是有色物体的微物理特性；生理学家认为颜色存在于检测光能量的眼睛的光感受器中；神经生物学家认为颜色是大脑对这些光信号的解读；心理学家认为颜色代表了各种不同的情绪；而对艺术家来说，颜色是美、是激情……所以，以一种既适用于艺术、设计和审美，又适用于科学理性的方式来读懂色彩，或许真的是一项艰巨的任务，但色彩组合在一起的美不仅是视觉上的和心理上的感动，更有其背后的科学理论，以及对颜色组合与和谐规律的研究和应用。

书中各章节环环相扣，在通读以后，我相信对于设计师和所有热爱颜色的人来说，都会以一种全新的视角看待和理解颜色科学和色彩艺术，从而进入利用色彩进阶设计的新视界。

和艺术创作、产品设计如出一辙，你可以把空间看成是一张画布、一个产品，将绘画的画面和产品设计所应有的审美特质放大到空间中，因此，节奏感、韵律感、主次感、层次感，以及造型、材料、功能、愉悦感等，也是空间设计的追求。空间设计的最终呈现，同所有的绘画和设计一样，是表达出真切的、打动人的情感，色调作为情感的传递者，与空间中承载颜色的材料和照明一起，创造出各种可能。

概括地说，首先，谈颜色一定是在谈颜色和颜色之间的关系；其次，谈颜色一定要结合材料和肌理。最后，在了解了颜色的性格、性质、组合特点，以及材质的微妙变化后，期待你能够懂得颜色并自由地运用它，而不只是简单地遵循法则。

这本书撰写于COVID-19新冠疫情期间，也因为疫情困在家中，更加快了完稿的速度。可以说，这场全球共冷暖的疫情，成了人类历史上的重要事件。对当下的人们的生活方式产生了深远的影响。空间设计是人们生活方式的最直接体现，在空间的功能因为需要应对灾难而变得更为复杂和多变的后疫情时代，空间的设计当然会由此进入一个新的历史时期。而空间中的颜色、材质和肌理，该以何样的面貌契合所有的变化？毕竟，在以生活方式探究为基础的设计领域，任何事件都会是影响设计的因子，更有永恒的主题——环保概念下的循环、再生和可持续，也是向空间设计领域最直接的提问。

书中的"中国人情感色调认知"是清华大学艺术与科学研究中心色彩研究所的自主研究成果，感谢我的同事祝诗扬老师带领大家一起将最初的想法转化为现实的成果；也非常感谢我的同事邱丽欣老师，在帮助我整理书中的图片和框架的过程中付出了大量的精力。另外，感谢我的合作伙伴杜亚伟和冯伟，让更多的产业界同仁有机会在书中展示自己，并让更多的设计师能够受益。最令我心怀感激的，是我的先生给我的支持，不仅是在专业上的指导，更是在精神上给予我无限的鼓励和力量。

我相信，色彩神秘而神奇的力量，可以把所有人凝聚在一起，包括此刻正在看这本书的你。

目录

既然这是一本写给所有热爱色彩和对空间
设计感兴趣的人的书，那么开篇之际就聊
聊室内空间设计的七个元素。

引言

1. 空间

很容易理解，空间本身就是一个简单直白
的设计元素，它指的是一个房间的物理边
界。作为空间设计师，则是找到一种方式，
利用现有的空间和布局，使之成为你的优
势。在这里，空间的尺度决定了你在一个房间里能置入多少其他设计元素。

2. 肌理

空间中的肌理，是各种元素的表面材质的延伸，它可以是粗糙或光滑的饰面，有光
泽或无光泽的表面，抑或是柔软或粗糙的纺织品等。空间中的各种肌理从织物、家
具到墙面、地面和装饰配件，结合着颜色来表现这个空间特有的情感。

你可以利用肌理来增强空间现有的功能或为空间提供额外的维度。例如，在一个小
小的、昏暗的空间里，光滑而略带闪亮的家具可以反射光线，带给空间一种自然光
的感觉。相反，在一个大面积而明亮的房间里，如果增添有粗糙肌理的设计元素可
以帮助平衡过多的自然光，使房间不至于显得冷冰冰。

3. 光源

一般包括自然光源和人造光源。没有光就没有颜色，光又能改变空间中所有元素的
颜色呈现。光源即是形成各种肌理的要素，更能够营造不同的氛围，无论是浪漫的、
自然的，还是性感的、温暖的。在空间中，光源的首要任务是照明，而不同色温所
呈现出来的不同颜色的光源，更是传递不同空间情感的最佳元素。当下的空间设计，

强调的是有利于人类健康的照明，即符合生理节律的照明方式。

4.色彩

色彩是空间设计的主角，但必须强调的是，空间中的色彩必须连同光源、材质和肌理一起完整地呈现色貌。因此，色彩必定成为空间设计中的主角。它不仅可以有功能性的提示作用，更可以影响空间的氛围，给人带来不一样的感官刺激，改变你的情绪和心情。色彩是空间设计的主线，围绕色彩，你可以设定空间想要传达出来的感情，明确最初的定位，然后再根据这个主题定位，选择灯光、材料、肌理，选择家具、饰物等。

5.图案

另外一个添彩的元素就是图案。作为一种设计元素，它常常与色彩相结合，如同点彩派的绘画，成为色彩的另一种表现手法。同肌理一样，图案可以用来赋予室内材料表面额外的维度。你常常可以在织物、地毯、瓷砖和壁纸中看到图案的身影。试想，一个缺乏图案的空间是多么乏味！

6.线条

线条是引导空间动线的重要元素，能令空间整体呈现出统一协调。线条无处不在，如家具、窗户、窗帘、门道、柱子，甚至软装图案都可形成线条。线条的动态感创造了戏剧性和活力，横平竖直的冷峻线条体现刚硬的空间性格，而女性般柔美的曲线通常用来软化垂直线、水平线和对角线。

7.形式

在空间设计中，"形式"常与"形状"互换出现。形式与线条密切相关，在一个长方

整个空间的元素和线条都是没有棱角的圆弧状，可以看出设计师的巧思

沙发、灯具的造型与拱门的造型融为一体

形的空间里放置一张长餐桌可以创造出一种和谐的感觉。在桌子上方加上一系列的圆形吊坠装饰，你就获得了对比和平衡感。然而，需要注意的是，如果把握不当，在一个空间里使用过多不同形式的装饰品可能会导致设计混乱或与设计理念脱节。

可以说，这七种设计元素对于一个完整的空间来说缺一不可，在互相交融又各自独立的穿插中，这些元素能成就一个好的空间设计。贯穿这些元素的，一定是色彩。在设计之前，色彩与一个空间的定位、风格、想要表达的情感有关，与空间使用者的背景、喜好、经济水平有关。在设计过程中，颜色和谐、颜色审美以及最重要的一点——颜色与材料、肌理的关系，照明光源的不同色温对颜色呈现的影响等，都让色彩成为当然的主角。因此，在开启色彩与空间设计之旅之前，让我们先一起，从一个完整的新视角了解一下什么是颜色，什么是色彩。

颜色的故事

......

古人与今天的我们看到的颜色一样吗

艺术与科学的纠缠——颜色的千年之旅

文化中的中国色彩

古人与今天的我们看到的颜色一样吗

提及古希腊和古罗马的雕塑，经典的象牙白色已经成了它们的标志。然而，通过显微镜观察发现，雅典卫城的建筑物和雕像上的颜料残留物证明，古希腊人在寺庙的地板上用红色灰泥上色，其古建筑也曾经是彩色的。古希腊人以生动的色彩描绘了他们的神，安置神明的神庙也像是强大的舞台布景一样，都是五彩斑斓的。因为染料和颜料已经随着时间的推移而褪色，所以今天我们看到的这些二三千年前遗留下来的雕像和建筑物都是白色的。

在很少能被光线照射到的史前洞穴中也发现了人类最早使用颜色的一些证据。1994年，在法国东南部发现了肖维岩洞穴。洞穴中包含了许多史前时期的绘画和雕刻精美的动物。这些岩画如此令人惊叹，以至于人们至今仍然怀疑它们的真实性，但是碳-14年代测定的证据表明，这些是人类已知的最古老的洞穴岩画，可以追溯到大约35000年前。

2012年，科学家在西班牙太阳海岸的一个山洞中发现了世界上最古老的六幅尼安德特人的艺术岩画，距今至少有42000年的历史。这些红色的图形看起来很奇怪，类似于DNA双螺旋结构，实际上描绘的是当地人可能会吃掉的海豹。现在，一些研究人员认为尼安德特人在象征、想象力和创造力方面与现代人具有同样的能力。然而，洞穴岩画并不是我们祖先使用颜色的最早证据。2000年，来自英国布里斯托大学的一个研究小组在赞比亚卢萨克附近的一个洞穴中发现了染料和颜料的碎片，这些碎片至少有35万年的历史。

所以，颜色很早就出现在人类的生活中了。它们不仅是传递信息的工具，也是表达情感的方式。探究远古时代我们的祖先看到的都是什么颜色，让笔者想起一次对以色列语言学家盖伊·多伊奇（Guy Deutscher）的采访和他的一本书 *Through the Language Glass: Why the World Looks Different in other Languages*（《透过语言玻璃：为什么在不同语言下世界看起来不同》）。他在书中提出，语言的基础是由我们感知和命名颜色的方式决定的。这本书被翻译成8种语言，并被《纽约时报》《经济学人》和《金融时报》评为2010年最佳书籍

1

2

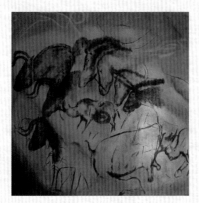

3

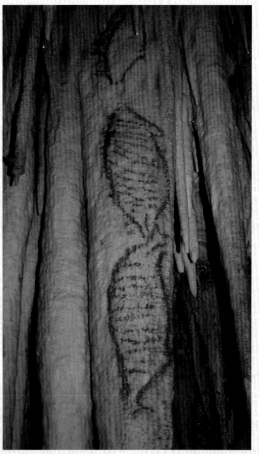

4

1 罗马第一位皇帝奥古斯
  都（屋大维）的大理石
  雕像(1世纪)
2 曾经彩色的古罗马雕像
3 法国东南部发现的肖维
  岩洞穴中的岩画
4 西班牙马拉加洞穴中由
  尼安德特人创作的岩
  画，可能是迄今发现的
  最古老的岩画

颜色的故事

7

之一，它让更多的人了解到颜色和文化的故事。早在多伊奇的女儿出生后，他就像大多数父母一样教孩子认识每一个物品的颜色，但唯独没有教她认识天空的颜色。有一次父女俩散步时，他指着天空问女儿，这是什么颜色的，小女孩困惑地说"它可能没有颜色"，再过一段时间，当被问及同样的问题时，女儿回答说白色。直到很久之后，女儿才说出了大人认为显而易见的答案——蓝色。

蓝色，一个有意思的话题。它有趣的历史完美地说明了多伊奇的论点，也就是人们对颜色的感知和语言互相影响。

现在，我们身边任何一个小孩子都会在某个不经意间诗意满满地对着家长道出：蓝蓝的天空白云飘，蓝蓝的大海好平静。小学生会说出：湛蓝的天空，碧蓝的大海。但奇怪的是，古代人似乎没有蓝色这个词语。

在对于蓝色的早期研究中，威廉·尤尔特·格莱斯顿（William Ewart Gladstone）——一位后来成为英国首相的学者，在1858年发现，在《伊利亚特》《奥德赛》中，古希腊诗人荷马把海洋的颜色描述为"酒黑色"和其他奇怪的颜色。格莱斯顿在书中统计了出现的颜色，黑色被提及近200次，白色被提及约100次，但其他颜色很少被提及。红色不超过15次，黄色和绿色不超过10次。格莱斯顿开始研究其他古希腊文献，注意到同样的事情——没有任何东西被描述为蓝色。这个词根本就不存在。

希腊人似乎生活在一个浑浊的世界里，缺乏色彩，大多是黑色、白色和金属色，偶尔有红色或黄色的出现。

他研究了冰岛的传说、伊斯兰教的《古兰经》、中国古代故事和古希伯来版本的《圣经》以及印度教的《吠陀经》。几年后，语言学家拉扎勒斯·盖格（Lazarus Geiger），同样对蓝色进行研究，他发现在现代欧洲语言中，表示蓝色的词是由表示黑色或绿色的古代词派生而来的。黑色和红色在印度古书中占主导地位，后来添加了黄色、绿色、紫色和蓝色。他还提出在古冰岛语、梵语、汉语、阿拉伯语和希伯来语的文本中，并没有蓝色这个词的出现。《圣经》中提到的颜色"tehelet"曾被误认为是蓝色，后来得知是指在以色列和黎巴嫩海滩发现的海贝壳紫色。

让我们更深入地挖掘一下历史：在古代的乌加里特石碑（公元前8世纪）中，许多圣经故事都起源于此，但却没有提到蓝色。在关于迦南的海神雅姆和大地之神巴力之间无数的争斗故事中，有很多关于海洋的描写，但是没有描述它的颜色。盖格指出，追溯到大约4000年前的古代印度史诗，比如《摩诃婆罗多》，其中以多种方式描述了海洋，但从未提及蓝色。中国古代的文字也是如此。

盖格研究了蓝色是什么时候开始出现在语言中的，并发现了一个在世界各地都存在的奇特模式。每一种语言首先都有一个词来表示黑色和白色，或者黑暗和光明。接下来出现的表示颜色的单词是红色，它是血和酒的颜色。

在历史上，红色出现之后是黄色，之后是绿色（尽管在一些语言中，黄色和绿色会互换位置）。每种语言中最后出现的颜色是蓝色。

为何在漫长的早期没有蓝色这个词语？

格莱斯顿认为古人与现在的我们看颜色的方法不同，他认为今天人类之所以能够感知更多颜色是因为眼睛生理结构的快速进化。现在我们知道这是不对的，但当时他提出这个观点时，进化论才刚提出。

几年后，一位瑞典的眼科解剖学家发现，许多人都患有色盲。于是一位名叫雨果·马格努斯（Hugo Magnus）的眼科医生得出结论，按照今天的标准，古代的人都是色盲。随着时间的推移，眼睛吸收了更多的颜色，对颜色的敏感度增加了，这种获取颜色的能力就遗传给了后代。当然，今天我们知道这也是有误的，因为这种能力是不能遗传的。

再来看看人类学家的努力。他们想从另一个角度看看现代文明是不是会影响人类感知颜色。1898年，心理学家和精神病医生李弗斯（W.H.R. Rivers）去了新几内亚和澳大利亚之间的托雷斯海峡群岛。他听到岛上的老人说天空是黑的，小孩说天空的颜色像脏水一样，他和其他人类学家得出结论，早期的人类以及这些孤岛上远离现代文明的人并不是色盲，他们看到的颜色和今天我们看到的一样，只是没有发明一个专门的词来形容，或者说是缺乏语言表达能力。

但还有一些科学家认为这不仅仅是一个颜色命名的问题，岛上的居民确实比我们看到的天空要暗一些。当今的人类经过长期的语言训练，懂得为看上去哪怕略显不同的事物给出不同的称呼。

因此，蓝色，我们认为完全不同于黑色，实际上可能是更暗、更接近黑色。在某种意义上，黑色和蓝色之间明显的区别是我们想象的虚构。

为什么黑色、白色、红色是我们的祖先最先看到的颜色？在进化论的解释中，远古人类必须区分黑夜和白天，红色对于识别血液和危险很重要。即使在今天，在西方文化中，红色仍然是紧张和警觉的标志。绿色和黄色出现在人类的词汇中是为了区分成熟和未成熟的水果，新鲜的草和枯萎的草，等等。而蓝色的食物在自然界中并不常见，天空的颜色对生存也不是至关重要。因此，在人类的历史进程中，蓝色这个词语一直是缺席的。

这真的是一个超出你日常思维的蓝色的故事。语言影响了我们对颜色的

缺失的蓝色

认识。但更让我们意识到，人类看待世界的方式在某种程度上是一种幻觉，是我们自己的大脑对我们耍的花招。

因此，我们的祖先对于颜色的理解与我们不相同，但他们看到的颜色与我们今天看到的是一样的，这并非因为我们的感官发生了某种变化，而是因为我们对事物的感知发生了变化，这种感知会影响着我们的认知、想象力，甚至情感，所有这些都会随着时间的推移发生变化。同时，文化和语言的进化，决定了我们对颜色的命名不同于祖先。这本书对颜色的梳理，以我们对颜色从"感觉"到"感知"再到"认知"为科学的线索来展开。

为了证实人类的眼睛是能看到蓝色，只是没有给它一个专门的名字，科学家们进行了各种各样的研究，其中最著名的是2006年伦敦大学金史密斯学院的心理学家朱尔斯·大卫多夫（ules Davidoff）的研究。

大卫多夫和他的团队与纳米比亚的辛巴部落合作。在辛巴部落的语言中，没有蓝色这个词，绿色和蓝色之间也没有区别。为了测试他们是否能看见蓝色，他向部落成员展示了一个有11个绿色方块和1个明显蓝色方块的圆圈。

显然，辛巴部落的人很难找出这个蓝色方块。有趣的是，辛巴部落中用于描述绿色的单词比实验人员能描述的更多。大卫多夫向说英语的人展示了12个绿色的色块，其中有1个有微弱差别。如图所示，实验人员很难区分哪个绿色块与其他的不同，但是来自辛巴部落的人很容易观察出那个不同的绿色块。

2007年，麻省理工学院的科学家进行的另一项研究表明，以俄语为母语的人比以英语为母语的人能更快地辨别出明亮的蓝色和暗淡的蓝色，原因是俄语中没有蓝色这个词语，却有表达浅蓝色的词和深蓝

1

有性格的空间
色彩情感与室内配色指南

色的词。沃尔夫假说 (Sapir-Whorf hypothesis)，又称为"语言相对论"(linguistic relativity)，这个关于语言、文化和思维三者关系的重要理论指出，在不同文化下，不同语言所具有的结构、意义和使用等方面的差异，在很大程度上影响了使用者的思维方式。简单说就是语言可以决定我们的思维方式，毕竟，语言是思想和感知的过滤器或者放大器。现在你知道了，语言也影响着我们对色彩的表达，颜色的感知与命名共同形成了语言的基础。

所以，在蓝色这个词语出现之前，我们的祖先和我们一样能看到蓝色，但他们或许从来没有感知到颜色本身。对他们来说，天空真的是青铜色的，大海真的是和红酒一样的颜色。因为他们缺乏蓝色的概念，所以对蓝色的感知是无形的，不存在的。很简单，如果我们没有一个词来形容颜色，我们往往会忘记它，或者有时根本没有意识到它。

就这样，一个蓝色的故事就涉及了哲学、人类学、心理学、生理学、语言学……然而，到这里我们的颜色旅程才刚刚开始。

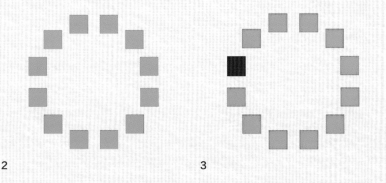

2

3

2　12个绿色色块实验
3　11个绿色和1个蓝色色块实验

艺术与科学的纠缠——
颜色的千年之旅

　　和其他许多领域一样，色彩理论也是起源于古希腊。古希腊哲学家亚历山大城的斐洛在1世纪时就惊叹于鸟类羽毛的迷人光泽，也许就在那一刻，古人开启了对色彩的追问。从古至今，从艺术到科学，我们都希望了解它的起源。

　　最早对颜色进行思考的都是一群哲学家，其中，德谟克利特（Demokritos，公元前460—公元前370年）认为世界上有四种基本的颜色（黑、红、白、绿），所有其他的颜色都是从这四种颜色中衍生出来的。恩培多克勒（Empedocles，公元前495—公元前435年）在他那首著名的关于自然的诗中也描写了色彩。古人认为万物都是由四种基本元素组成的：空气、水、火和土。恩培多克勒认为万物都是有颜色的，因为它们是由这四种元素组成的，这四种元素本身也是有颜色的。他把万物的四种元素与四种颜色（红、黑、白、黄）联系在一起，如把白色与火联系在一起，把黑色与水联系在一起。希波克拉底（Hippocrates，公元前460—公元前377年）描述了四种体液：黑胆汁、血液、黄胆汁、痰，有时与四种颜色有关。柏拉图（公元前427—公元前348年）的理论也有这四种基本颜色（白色、黑色、红色和"鲜艳"），对他来说颜色基本上是美的元素。很明显，古希腊认为数字四是重要的，比如一年分为四个季节。然而，亚里士多德（公元前384—公元前322年）指出，所有的颜色都来自两个极端（白色和黑色）。他创造了一个由七种颜色组成的调性音阶（黑色、紫色、蓝色、绿色、黄色、红色和白色）。在古代的西方，数字七和数字四一样具有特殊的重要性，比如太阳系中有七个天体，一周有七天。伊斯兰传统上的颜色是基于"七"这个系统（每个颜色与太阳系的七个天体之一有关），但可以分解成"三"这个系统（白色、檀香和黑色，分别代表身体、心智和灵魂）和"四"这个系统（四个元素红、黄、绿、蓝）。亚里士多德认为光本身就是无色的，光只是可以看到颜色的媒介。

　　在欧洲中世纪，罗杰·培根（Roger Bacon，约1214—1294年）再度研究了颜色的问题，他认为光和色只有在结合时才会出现。他强烈反对亚里士多德的理论，并提出了白色、红色、绿色和黑色这些术语，但他还坚持使用他称之为"glaucitas"的第五种颜色，或许是表示明亮的蓝色。

然而，一位布里克森主教尼古拉斯·库萨努斯（Nikolaus Cusanus，1401—1464年）第一次提出重要的观点：光并不能像物体本身创造颜色那样显露出物体的颜色。根据库萨努斯的观察，世间万物在改变自身时会改变其颜色。因此他得出结论，色彩的目的是在视觉上展示"变成"的能力。

这些都只是最早期西方对颜色从好奇开始走上研究之路的片段。纵观中华文明历史长河，五色观是中国传统色彩体系的根基。自周武王开启了"以规矩为本"的天下统治起，世间万事万物，基本都被纳入五行体系。五方、五岳、五音……当然，颜色也必须是五色。于是，五个正色分别代表五方、五行，成为中华民族历史上对颜色的解读。天子作表率，根据季节更换居室、衣服、配饰、马车、马匹、旗帜、仪仗的颜色。汉以后，帝王的起居和行为大多按照"五时色"的原则执行。阴阳学的创始人齐人邹衍（约前305—前240年）推崇"五德终始说"，其间历经复杂变迁。例如我们今天最熟悉的帝王色——黄色，缘于唐朝顺应土德，开启了崇尚黄色之风，最尊贵的颜色才由此被确定下来。

概括地说，17世纪以前的色彩理念都是主观的，是哲学、神学、宗教的概念，和现代科技的起源与发展一样，欧洲率先走向理性革命，摆脱教廷和教会的拘束，寻找人自己对所在宇宙的理解。物理学家理查德·费曼（Richard Feynman）在一次演讲中有过一段表述："总的来说，我们通过以下过程寻找一条新的（科学）定律——首先是假设，然后通过计算来看我们假设的结果，最后将计算结果与自然实验或与观察结果直接比较，如果不一致，它就是错的。"这句话描述了"科学方法"这个概念的关键。

所以，重点在于"观察"。在色彩科学研究的历程中，在牛顿（1642—1724年）的著作问世之前，可以说都缺乏真正意义的色彩理论。牛顿不仅代表了现代科技的新起点，也引领了一种更理性的思考颜色的方式，一种基于观察而非意识形态的方式。

下面我们将按照时间的顺序，一起看看颜色被认知的故事。

从古希腊开始，亚里士多德相信颜色是上帝从天国送来的光线。公元前350～公元1500年间，最早的关于颜色的理论之一就是亚里士多德的《论色彩》（*On Colors*）。他认为所有颜色都存在于黑暗与光明之间的光线中。亚里士多德认为蓝色和黄色是真正的原色，因为它们与生活的两种极端有关：太阳和月亮、雄性和雌性、刺激和镇静、扩张和收缩、内和外。此外，他将颜色与四个元素关联：火、水、土和空气。他观察了一天中光线变化的方式，并根据这项研究开发了一种线性颜色系统，其范围从午间的白光到午夜的黑光。这一理论是几个世纪以来颜色理论家建立颜色体系的典型代表。《论色彩》中有一系列重要的发现，例如，他通过观察云层发现"黑暗根本不是一种颜色，而只是没有光"。

对于亚里士多德，正如他在自己的论文《感性与感性之物》（*On Sense and Sensible Objects*)中明确指出的那样，黑白两色加上中间的颜色是七种。

亚里士多德关于颜色的理论被后世应用了两千年，直到17世纪牛顿的光学物理发现取代了之前的色彩理论。15世纪时，随着人本主义思想和马丁·路德（Martin Luther）的影响，教堂失去了对知识的控制，许多学科"走了自己的路"，导致艺术与科学的虚拟分离。对色彩的进一步研究似乎已经放在"科学"阵营中。艺术家一直被认为具有天生的艺术本能，直到19世纪艺术家主动拥抱颜色科学，同时又有生理学家、心理学家的贡献，才使得颜色的科学与应用能如此完美地与艺术结合。

1

1230年，罗伯特·格洛斯泰斯特(Robert Grosseteste，1168—1253年)，牛津大学的第一任负责人，为颜色的历史贡献了一本书，名为《颜色》（*De colore*)，赋予了颜色新的维度。格洛斯泰斯特翻译了亚里士多德的著作并提出了自己的观点，他开发了一种色彩系统，即当今我们所知的"光的形而上学诠释"的观点。他提出，作为"本原"，光为颜色提供了第一种物理形式，而空间可以通过颜色来感知。格洛斯泰斯特也是第一个区分现在被称为无彩色(黑色、灰色和白色)和有彩色(所有其他颜色)的人。

同时期，建筑师里昂·巴蒂斯塔·阿尔贝蒂(Leon Battista Alberti，1404—1472年) 在1435年推出由红、绿、黄、蓝四种颜色构成的一个矩形

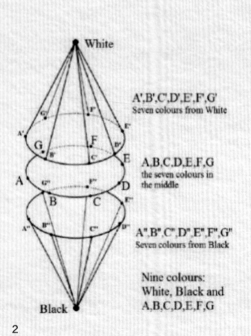

White

A',B',C',D',E',F',G'
Seven colours from White

A,B,C,D,E,F,G
the seven colours in
the middle

A",B",C",D",E",F",G"
Seven colours from Black

Nine colours:
White, Black and
A,B,C,D,E,F,G

Black

2

1 亚里士多德指出的七种颜色
2 格洛斯泰斯特颜色系统

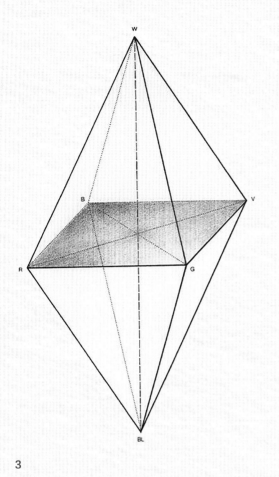

和一个双金字塔颜色系统。

1510年左右达·芬奇（1452—1519年）发表了《六种颜色》（*Colori Semplici*）。他通过混合黄色和蓝色得到了绿色，这是颜色混合的雏形。

比利时物理学家弗朗西斯·阿奎隆纽斯（Franciscus Aguilonius，1567—1617年）在1613年提出了红色、黄色和蓝色三原色为最古老的系统。阿奎隆纽斯的弓形颜色系统第一次指明混合颜色所带来的可能性。在研究光学教科书 *Opticorum libri sex* 时，阿奎隆纽斯与荷兰画家保罗·鲁本斯（Paul Rubens）合作，研究了巴伐利亚的矿物学家艾尔伯图斯·麦格努斯（Albertus Magnus，1200—1280年）在13世纪的论文，认为"白色中包含了所有的颜色，所以人们可以想象地球的样貌"。

同时，也就是在1611年，出生于芬兰的占星家、物理学家阿伦·西格佛里德·福修斯（Aron Sigfrid Forsius，1569—1624年）提出，颜色可以是有秩序排列的。他开发了一种系统，该系统以红色、黄色、绿色、蓝色和灰色这五种颜色开始，分级接

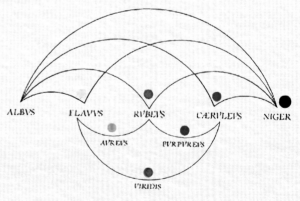

3 阿尔贝蒂颜色系统
4 阿奎隆纽斯颜色系统

4

近白色或黑色，也就是明度的变化。

可以说，福修斯创造了第一个绘制的颜色系统，由此为现代色彩系统奠定了基础。这本绘制色球的手稿直到20世纪才在斯德哥尔摩的皇家图书馆中被发现，最终在1969年的国际色彩会议上呈现在世人面前。

福修斯是第一个手绘颜色系统的人，第一个印刷彩色轮的是英格兰的罗伯特·弗拉迪（Robert Fluddy，1574—1637年），他于1630年将其印刷在医学期刊上。以蓝色、绿色、红色和两种黄色这五种颜色组成，并给出了它们相对于黑白的位置。

1646年，教授数学和希伯来语的德国人亚撒纳修斯·基歇（Athanasius Kircher，1601—1680年）通过对自然界颜色的研究，将色彩视为"光与影的真正产物"，并补充说色彩是"阴影光"，而"世界上的任何事物都只能通过阴影光才能被看见"。基歇发表了包括红色、黄色、蓝色、黑色和白色的色谱。

深为我们所知的，也是在颜色物理学道路上的里程碑式人物，当属牛顿。当他才22岁时，就发明了无穷微积分，并使速度和加速度的数学处理成为可能。

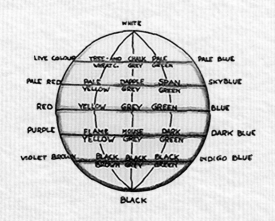

1

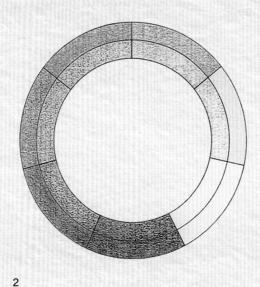

2

1　福修斯色球
2　费拉迪彩色轮

有性格的空间
色彩情感与室内配色指南

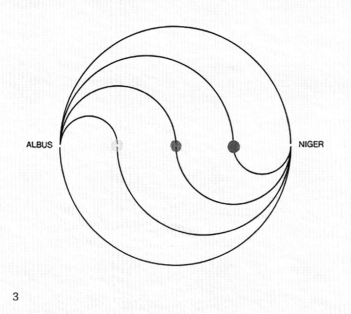

3

四年后，他发明了反射望远镜，也正是在这些年中，牛顿证明了一个苹果掉到地上以及绕地球运行的月球都遵循相同的机械定律。他于1672年提出了"光与色的新理论"，通过光学实验，证明白光的原始成分是不同的颜色。牛顿根据乐谱为光谱选择了七种颜色，并根据强度为其分配了面积。

1758年，德国数学家和天文学家托比亚斯·梅耶（Tobias Mayer，1727—1762年）以其精确的测量能力而闻名于天文学领域，他选择红色、黄色和蓝色作为基本颜色，并考虑到黑色和白色会使颜色变暗和变亮。梅耶的色谱是91个色彩三角与明暗的关系，颜色达到910种。

1766年，即牛顿通过棱镜分离白光的九十多年后，一本书名为《自然体系》的书在英格兰出版，其中，英国昆虫学家和雕刻师哈里斯（Moses Harris，1731—1785年）通过研究牛顿的理论，尝试"从材料上或画家的角度"解释颜色原理。哈里斯的研究建立在法国人勒勃朗（Jacob Christoph Le Blon 1667 —1741年)的发现之上。勒勃朗以彩色印刷的发明而著称，1731年，在他的工作过程中，他观察到一个今天我们都熟悉的常识，即红色、黄色和蓝色的相加足以产生所有其他颜色。

3　基歇色谱
4　牛顿的光学实验证明白光由不同的光谱
　　颜色组成
5　牛顿基于数学和音乐创建的色轮

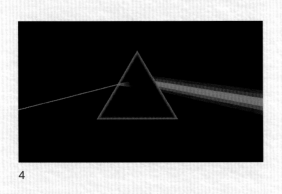

4

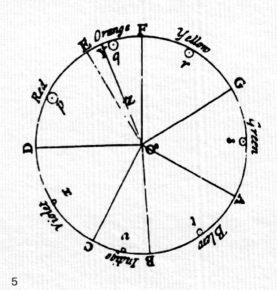

5

1　梅耶的颜色三角形
2　哈里斯发表的第一个印
　　刷的色相环

2

有性格的空间
色彩情感与室内配色指南

哈里斯在1766年发表了他自己的印刷色相环，从红色到紫色一共定义了18种颜色，加上在混合颜色的过程中哈里斯发现的另外15种颜色，按照20个不同的饱和度级别，总共有660种颜色。哈里斯最重要的观察结果是，黑色是通过红色、黄色和蓝色三种基本颜色的叠加而形成。我们将在后面跟大家详细说明颜色的混合，也就是说，哈里斯提出的观点并不是基于牛顿的光谱的混合原理。

　　德国天文学家海因里希·兰伯特（Johann Heinrich Lambert，1728—1777年）在梅耶色谱的影响下，于1772年提出了第一个三维色彩系统。兰伯特认识到，要扩展梅耶的三角形颜色体系，唯一缺少的就是深度。同样以红色、黄色和蓝色为基础，兰伯特的金字塔颜色系统总共可以容纳108种颜色。

3

3　兰伯特发表的第一个三维色彩系统

同年，奥地利自然学家席弗米勒（Ignaz Schiffermüller，1727—1806年）基于长期以来对动物、植物和矿物质的观察，在维也纳发表了12色的色相环，他给它们起了一些充满想象的名字：蓝色、海绿色、绿色、橄榄绿色、黄色、橙黄色、火红色、红色、深红色、紫红色、紫蓝色和火蓝色。席弗米勒是最早将互补色彼此相对排列的人之一，蓝色与橙黄色相对，黄色对应紫蓝色，红色对面是海绿色。色环内的太阳强调了颜色由自然光而来。

在19世纪初，英国人詹姆斯·索尔比（James Sowerby，1757—1822年）在1809年出版的《颜色的新阐释》（Shaping Colour）一书中，以黄、红、蓝三种颜色推出色谱，这一理论中的黄色，后来在现代色彩系统中被绿色取代。索尔比的研究基于牛顿的颜色理论，他的颜色系统也受到英国医生和物理学家托马斯·杨（Thomas Young，1773—1829年）在1802年提出的理论影响，杨的理论假设是眼睛中存在三种类型的感光器分别感知红、绿、蓝色。于是光的三原色、物体的三原色、加法混色和减法混色等的研究，从此起步并逐渐得到更多人的证实。

同样受到托马斯·杨理论的影响，1826年，英国建筑师和画家查尔斯·海特（Charles Hayter，1761—1835年）提出所有颜色可以用红、蓝、黄这三种基本颜色混合得到。

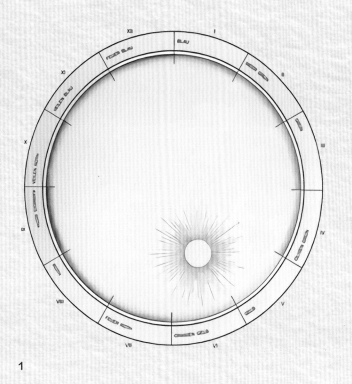

牛顿诞生100年后，歌德（1749—1832年）"从艺术的角度"拓展颜色知识。歌德的第一部颜色著作《光学贡献》创作于1791年，1810年出版了《颜色理论》。1793年，歌德绘制了色相环，同时，他用黄色、蓝色和红色画出了若干三角组合，以期望表达出颜色组合的和谐关系。歌德提出，黄色代表"效果、光、亮度、力、温暖、亲密、排斥"；蓝色带有"剥夺、阴影、黑暗、虚弱、寒冷、距离、吸引力"。他主要将颜色理解

1

1 席弗米勒将互补色彼此相对排列的色轮

有性格的空间
色彩情感与室内配色指南

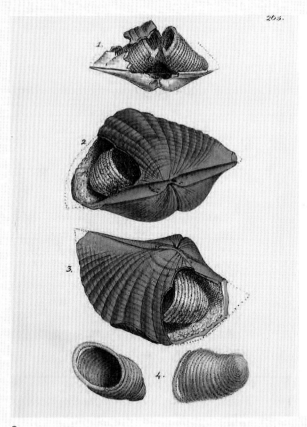

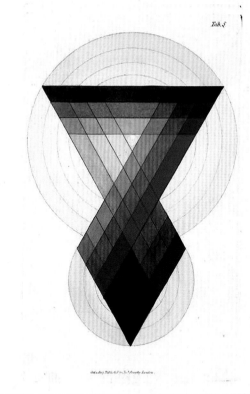

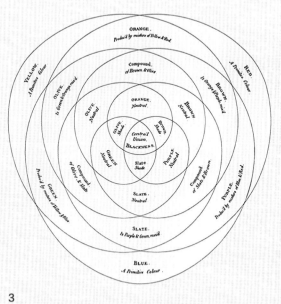

2 索尔比受到人眼感光机
   制理论影响发表的色谱
3 海特的色图

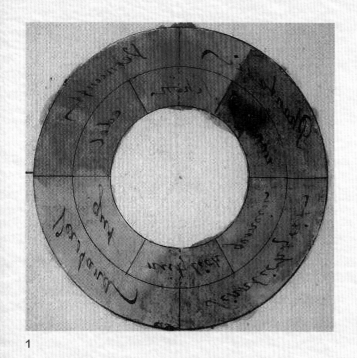

为"意识范围内的感官品质",他认为黄色具有"华丽而高贵"的效果,给人"温暖而舒适"的印象,蓝色"给人一种寒冷的感觉"。可以说,歌德的研究标志着现代色彩心理学的开始。歌德最激进的观点之一是对牛顿关于色谱的观点的驳斥,他认为黑色也是具体的,而不是被动地缺乏光。也许是诗人的直觉和一种天生的对审美共同性的联想,才使得歌德专注于探索不同颜色对情绪和情感的心理影响。

同一年,德国画家菲利普·奥托·朗格(Philipp Otto Runge, 1777—1810年)开发了第一个球形的三维色彩体系。朗格关注的是颜色相互之间的混合比例以及颜色之间的和谐性。朗格的色彩系统曾经在百科全书中被描述为"科学、数学知识、神秘、魔术组合和符号解释的融合"。他想给所有可能的颜色带来一种秩序感,这种秩序是通过语言以外的其他方式来定义的,因此,朗格当时尝试根据色相和饱和度来排列颜色是一种革命性的方法。

在色彩研究的历程中,有一个人对法国艺术家的影响是他人无法超越的,那就是法国人米歇尔·欧根·雪佛勒(Michel Eugène Chevreul, 1786—1889年),他发现很多颜色受相邻色的影响

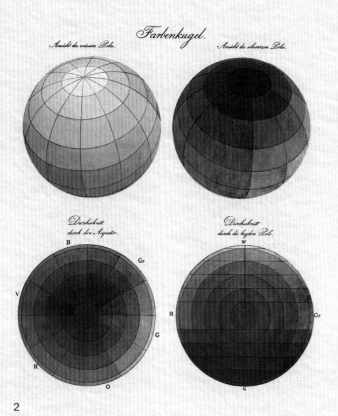

1 歌德的色环
2 朗格开发的第一个球形
的三维色彩体系

有性格的空间
色彩情感与室内配色指南

而改变。达·芬奇可能是第一个注意到相邻颜色会相互影响的人。这就是我们现在了解的"同时色对比"，关于这点，我们也会在后面的书中详细展开。1839年，雪佛勒发表了文章《颜色的和谐规律和颜色对比》，并建立了自己的色彩系统，该系统的目的就是建立"同时色对比"定律。雪佛勒确信可以通过数字之间的关系来定义许多不同颜色的和谐规则，他希望他的色系能够成为所有使用颜料的艺术家创造美妙色彩乐章的乐器。雪佛勒的色彩系统影响了印象派、新印象派和立体派等艺术流派，深深影响了当时的法国画家罗伯特·德劳内、欧仁·德拉克洛瓦和乔治·修拉在色彩和绘画手法上的观点和创新。这是我们第一次知晓了大脑在形成颜色方面的积极作用，让世人了解到，颜色是在大脑内部世界中创造的。从此，颜色的和谐规律探究来到了颜色的历史故事中。

除了颜色的和谐性，关于颜色能够给人带来不同的感觉以及从生理角度带来变化这样的研究是英国化学家乔治·费尔德（George Field，1777—1854年）在1846年出版的有关颜色和谐的著作《色彩》中提出的，红色代表"热"，蓝色代表"冷"，红色有"前进"感，而蓝色有"后退"感。同样，他发表了自己的颜色系统。

1859年是科学史上最伟大的年份之一：英国人达尔文阐述了他对物种起源的看法，从而为进化论开辟了道路。同一年，苏格兰物理学家麦克斯韦提

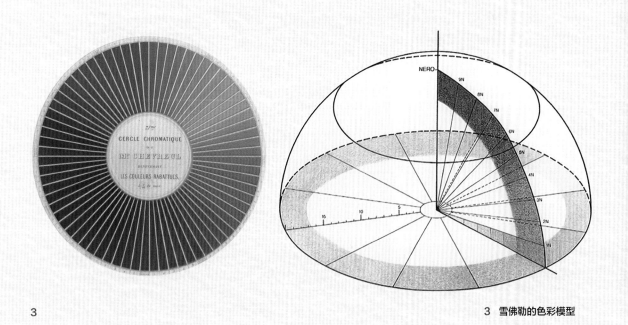

3

3　雪佛勒的色彩模型

出了"色觉理论"，在他的颜色测量实验中，麦克斯韦让测试对象判断样品的颜色与三种基本颜色的混合进行比较，也就是今天的"颜色匹配"实验。自麦克斯韦时代起就称为"三刺激值"。

　　这就是定量色彩测量——色度学的起源。他证明了所有颜色都是由三种光谱颜色——红色、绿色和蓝色混合产生的。麦克斯韦的颜色系统是第一个基于心理物理测量的系统，也是当今的CIE系统的鼻祖。值得一提的是，在1861年的色彩理论演讲中，麦克斯韦用展示用红色、绿色和蓝色滤镜分别拍照并叠加，诞生了世界上第一张彩色照片。

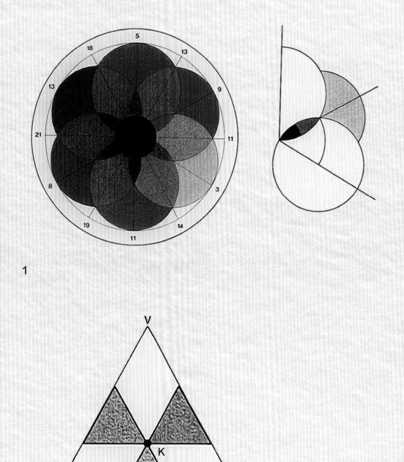

1

2

$$K = \frac{1}{3}R + \frac{1}{3}V + \frac{1}{3}B$$

1　费尔德颜色系统
2　麦克斯韦基于心理物理
　　测量的第一个颜色系统

有性格的空间
色彩情感与室内配色指南

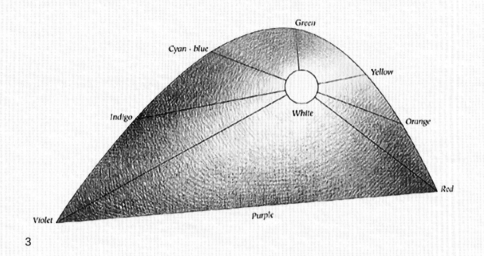

3

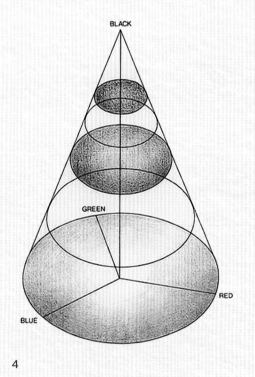

4

德国的赫尔曼·冯·亥姆霍兹（Hermann von Helmholtz，1821—1894年）是当时的自然科学大师。1847年，26岁的他发明了光学显微镜。他著名的《心理光学手册》出版于1860年，其英文译本出现在60年后，享誉世界。书中，亥姆霍兹介绍了三个我们今天熟知的用于表征颜色的属性：色相、饱和度和明度。他是第一个明确证明光的混合与色料混合得到的颜色不一样的人。为了更好地表达光谱上颜色混合的效果，亥姆霍兹第一次发表了光谱曲线。随着当时神经病学等学科的发展，人类对颜色的感知能力逐渐成为重要研究领域。

威廉·冯·贝索德（Wilhelm von Bezold，1837—1907年）是慕尼黑的气象学教授，他在1874年发表了专著《艺术中的色彩理论》，创建了基于感知的圆锥形的色彩系统。尽管他关注科学和科学量化，但贝索德更希望他的颜色系统能对画家和调色师在艺术与设计领域有所帮助。

3　亥姆霍兹色图
4　贝索德基于感知的圆锥形的色彩系统

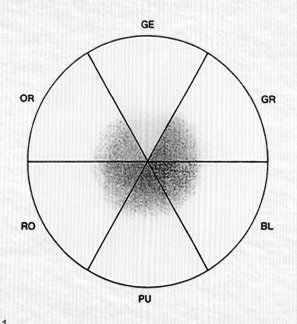

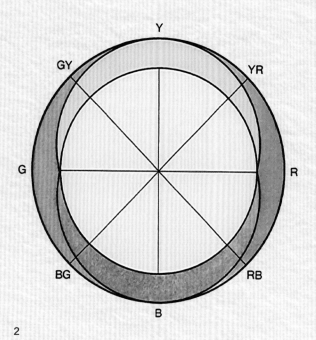

心理学在19世纪末期作为一门新兴科学出现。它的早期先驱之一，德国的心理学家威廉·温特（Wilhelm Wundt, 1832—1920年）建立了心理学的实验分支，使其成为实证科学，并在研究生涯中为生理心理学奠定了基础。1874年至1893年，温特推出了两种不同的色彩系统。

到19世纪中叶，基于麦克斯韦和亥姆霍兹的实验，已经揭示了通过三种感应红色、绿色、蓝色的感光体来解释颜色，但依然无法解释为什么人眼可以看到那么多颜色。1878年，生理学家埃瓦尔德·赫灵（Ewald Hering, 1834—1918年）发表了《对光的敏感性理论》，提出了黑色白色、红色绿色、黄色蓝色"六种基本感觉的合体"，它们相互对立，这个研究结论一直沿用至今。同时，赫灵发表了被称为"自然的色彩感觉系统"的颜色顺序，构成了当今的NCS，即"自然色彩系统"的前身。彩色圆圈的顺序表示四种基本颜色的位置，以及任意两种基本颜色可以混合的比例。

1880年左右，艺术与科学界之间开始了新的对话，印象派的鼎盛时期即将结束。在接下来的几年中，新印象派的画家们为了在艺术理论上有所建树，积极参与颜色科学的探索。而当时的亥姆霍兹、贝索德等这些物理学家的成果令当时艺术家探索颜色变得更为方便。1879年，法国艺术评论家查

1 温特色图
2 赫灵按"自然的色彩感觉系统"的颜色顺序发表的色轮

有性格的空间
色彩情感与室内配色指南

尔斯·布兰克（Charles Blanc，1813—1882年）根据雪佛勒的"同时色对比"定律，结合画家欧仁·德拉克洛瓦的想法，推出了一个呈现出六个相对三角形的圆，包括了加法混色与减法混色的两种三原色。

美国研究物理学的尼古拉斯·奥德根·罗德（Nicholas Odgen Rood，1831—1902年）的著作《现代色彩学》于1879年问世，其副标题为"艺术与工业应用"。罗德认为：以简单而全面的方式介绍事实，这是艺术家运用色彩的基础。在书中，罗德创建了一个具有科学性的色相环，在麦克斯韦理论的基础上，通过旋转色环的实验，以数学图表式的精确刻度，表现了一个颜色在其互补色对面的位置。

1890年，法国植物学家和自然主义者查尔斯·拉科特（Charles Lacoutre，1832—1908年）出版了《色彩学》，并创建了一个以红色、蓝色、黄色为三基色，以花瓣状展开的颜色系统来体现颜色的混合，他称之为"三叶花"。

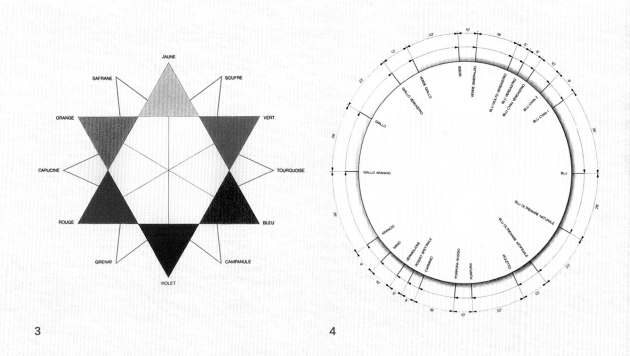

3

4

3 布兰克的六个相对三角形组成的颜色系统
4 罗德以数学图表式的精确刻度表现互补色的色相环

颜色的故事

27

1897年，奥地利教育家兼哲学家阿洛伊斯·霍夫勒（Alois Höfler，1853—1928年）的教科书《心理学》问世，书中他创建了两个颜色系统，分别是三角形和矩形的金字塔形状。这也是被后来很多心理学教科书引用的颜色系统。

20世纪伊始，德国认知心理学家赫尔曼·艾宾豪斯（Hermann Ebbing-haus，1850—1909年）创建了双金字塔形状的颜色系统。艾宾豪斯于1893年在《时代心理学》杂志上发表的《色彩视觉理论》指出，色彩感知只能借助"更高的心理过程"来实现。长期以来，艾宾豪斯双金字塔代表着色彩现象学的最后据点，随后，色彩研究终于确定了颜色不再是物理世界里的简单解释，而是拥有复杂的心理因素的解读。

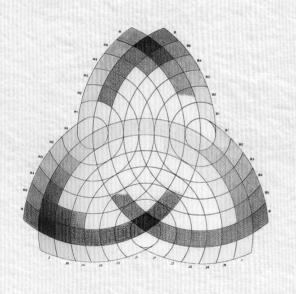

1

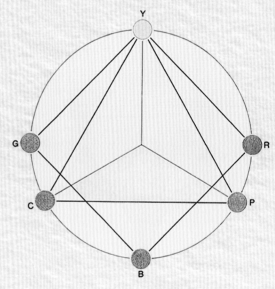

2

1 拉科特"三叶花"色图
2 霍夫勒颜色系统

有性格的空间
色彩情感与室内配色指南

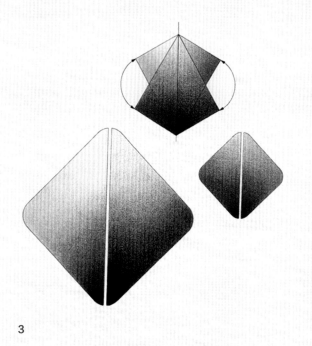

3

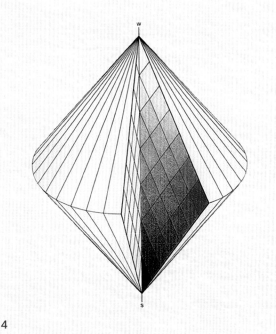

4

美国鸟类学家和植物学家罗伯特·里奇韦（Robert Ridgway，1850—1929年）在穿越自然世界的探索旅程中，遇到了多种颜色。随着时间的流逝，他意识到只有通过某种形式的标准化，才能科学、准确地描述颜色。因此，他在1912年发表了名为"色彩标准和命名"的颜色系统。里奇韦的系统利用了加法混色原理，通过将白色或黑色与整个彩色圆圈中的159种颜色进行渐进式混合，创建了1113种颜色加上两端的黑白色，共计1115种标准颜色的系统，这也是现在著名的潘通色卡的前身。

20世纪的颜色的历史故事到这里已经逐渐被我们熟悉，美国画家阿尔伯特·亨利·孟塞尔（Albert H. Munsell，1858—1918年）在1915年初创造了具有历史意义的最重要的彩色体系之一"孟塞尔色立体"。他将色彩空间划分为三个维度：色相、明度、饱和度，并以等距离的长度渐变。孟塞尔用数学语言而不是颜色名称来表示颜色在色彩空间中的位置。孟塞尔的色彩体系以前所未有的方式将艺术与科学联系在一起。1942年，美国标准组织（American Standards Organisation）推荐将其作为颜色标准，孟塞尔颜色标准，至今依然是众多颜色应用体系的基础。

3 艾宾豪斯创建的双金字塔形状的颜色系统
4 里奇韦颜色系统

后来，还有德国的诺贝尔化学奖得主威廉·奥斯特瓦尔德在1916年出版了《色彩》，展开对色彩和谐的研究；加拿大画家米歇尔·雅各布斯于1923年撰写了《彩色艺术》；奥地利染色师马克斯·贝克在1924年出版了《色彩自然理论》；美国色彩理论家亚瑟·波普在1929年创建了实用性色立体；同年，美国心理学家埃德温·鲍林提出现象学色彩体系。

人们越来越需要一种确定颜色的客观方法来定义颜色。在颜色感知的研究中，CIE 1931 XYZ色彩空间（也叫作CIE 1931色彩空间）是其中一个最先采用数学方式来定义的色彩空间，它由国际照明委员会（CIE）于1931年创立。

颜色的历史故事讲到这里，我们终于了解了自古以来，颜色就是在主观与客观，艺术与科学，美与秩序的碰撞下活跃着。在近代，不得不提及的是德国包豪斯学校对色彩教育的贡献。

20世纪初期的许多欧洲艺术运动参与者都对艺术的主观体验产生了浓厚的兴趣，德国的包豪斯学校教职工包括约翰内斯·伊顿、约瑟夫·阿尔伯斯、瓦西里·康定斯基、蒙德里安和保罗·克利等名人，引领了色彩技术与艺术的完美融合。伊顿撰写的《色彩艺术》和阿尔伯斯撰写的《色彩的互动》（又译《色彩构成》），至今仍影响着设计师和艺术家们。

包豪斯学校对色彩的研究是由各种先前发展的艺术、心理学和科学色彩理论构成，并通过实践练习进行了测试和创新。伊顿创建了一个彩色的星星，对画家朗格的色球重新诠释，构成了"预备课程"中色彩教学的基础。当然，色

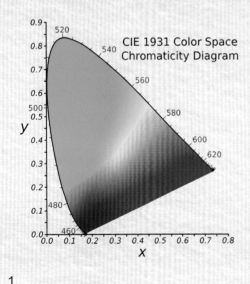

1

有性格的空间
色彩情感与室内配色指南

星只是包豪斯大师们和学生通过教学交流开发的标准色轮的众多变体之一。

　　瓦西里·康定斯基来包豪斯之前已经是色彩理论方面的著名专家。他撰写的《艺术中的精神》一书建立了特定颜色和形式之间独特的情感和精神联系。

　　与康定斯基认为形式和色彩之间有必不可少的联系不同，阿尔伯斯坚持认为，"色彩作为艺术中最相关的媒介，具有无数的面孔或外观。研究他们彼此之间的相互作用，相互依存关系，将丰富我们的视线、我们的世界以及我们自己"。

　　像歌德一样，伊顿认为重要的是色彩的主观体验。他的主要贡献就是12色的色相环，至今还是设计师和艺术家常使用的工具。阿尔伯斯则更关注色彩的高度动态性，以及与人类如何感知色彩的关系。

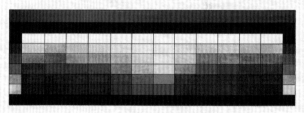

Farbenkugel

„ 7 Lichtstufen ... 12 Tönen
von
Johannes Itten.

2

3

2　伊顿在1921年创建的色星，有7个明度值，12个调性

3　约瑟夫·阿尔伯斯的丝网印刷品《向广场致敬》(Hommage to the Square)，1955年

文化中的中国色彩

和曾经的古罗马雕像一样，我们熟知的兵马俑，也曾经是绚烂的——粉红的脸庞，褐色的铠甲，红色的甲带，或绿、或红、或紫、或蓝的服装。甚至，上衣袖口和领口还会精心搭配不同的颜色。有研究表明，兵马俑的色彩暴露在干燥空气中15秒，其底漆层就会卷曲，4分钟内便会剥落。出土后的兵马俑会不断暗淡，直至变成黯然的深灰色。

与西方世界自古以来对颜色的探究方式不同，中华文明历史上对颜色的认知和理解，常常是符号、观念、意向化的，与政治、文化、礼仪、宗教等相关联。

1. 中国"五色观"的起源

中国的传统"五行"思想赋予中国"五色"哲学思想和文化内涵。在五行基础上建立了"五色观"色彩体系。我国传统"五色观"色彩与五行中的"阴阳色彩观"相匹配，以黑、白、红、黄、青五种单色为正色，从颜色的角度体现了事物之间的相互联系与转化的辩证思想。在阴阳五行思想的影响下，五色在原来的五种单色的基础上，通过色彩间相混合产生了更加多样和丰富的色彩，称之为间色，五色又称之为正色。《环济要略》界定"正色有五，谓

1

1　五彩的兵马俑

有性格的空间
色彩情感与室内配色指南

青、赤、黄、白、黑也。间色有五，谓绀、红、缥、紫、流黄也"。《尚书·洪范》中记载"五行，一曰水，二曰火，三曰木，四曰金，五曰土"。金、木、水、火、土是构成世间万事万物的本源，一切事物皆与这五种元素和谐统一。"五色"是色彩本源之色，五行生百物，五色生百色，五色观符合五行观的理论。其中五行、五色、方位间的对应关系是东方青色主木、西方白色主金、南方赤色主火、北方黑色主水、中央黄色主土。这种搭配的观念在当时几乎渗透到社会各个领域，影响着当时人们日常的生产与生活。在长期的社会生活中，民众对五色赋予了特殊的情感和象征意味，形成了一种不可忽视的情感表达符号。

在《芙蓉锦鸡图》中，一只雄雉纵身上攀，压弯了芙蓉枝。宋徽宗笔下的这只锦鸡是红腹、黄面、白颈、黑尾、青背，正好与中华五色相符，也就顺理成章地与火德、土德、金德、水德、木德对应，堪称"雉比五德"。

2

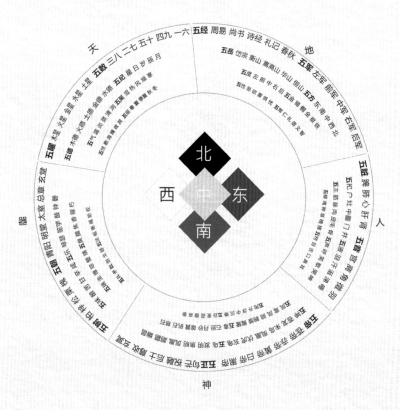

3

2　宋徽宗《芙蓉锦鸡图》
3　中国的五色观

颜色的故事

2."五色观"色彩符号的联想与象征性

（1）白 五色中的白，属金。传统色中的白色有：荼白、雪白、月白、乳白、象牙白、霜白。在儒家思想中"无色而五色成"，可以理解为"白"与"无色"是同义词。中国传统的"白"也有"空""无"的延伸意义，并且带有一定的宗教性。在中国传统民俗文化中，白色象征着万物衰败的秋天，所以白色意味着失去，白色也常常与死亡、丧事相联系。京剧脸谱中常常用白色表示阴险、疑诈的人物性格。

（2）黑 五色中的黑色，属水。传统色中的黑色有：烟煤色、墨色、黛色、玄青、玄色、漆黑。道家尚"黑"，使黑色逐渐演变成一种理性的色彩。古代，黑色常常被称之为"玄"。"玄"字有"神秘""神圣"的含义。秦始皇时代尚黑，从帝王到平民都穿黑色，因为当时的五行家根据五行学说认定秦符合水德。在京剧脸谱中用黑脸代表刚正勇敢的性格。而后来随着佛教的盛行使黄色和赤色成为正色，将黑色与罪恶相联系，从此黑色的地位发生了变化。

（3）赤 五色中的赤色，属火。传统色中的赤色有：朱砂红、胭脂红、杏红、珊瑚红、品红、洋红、桃红、妃色、海棠红、嫣红。赤色最早是从赤铁粉末和朱砂中提取的，到周朝开始从茜草、红花、苏枋等植物中提取。中国人对红色的钟情源自原始人类对火的崇拜。在远古时期，生产力低下，"火"象征着天神的力量，可以作为一种强大的、神奇的力量驱走寒冷和黑暗。红色一直作为中国最传统、最受民间喜爱的颜色，被应用到日常生活的各处。红色也成了春节的代表色，代表了吉祥与喜庆，红色的春联、红色的灯笼渲染出节日的喜庆气氛。红色还是一种身份地位的体现，早在西周时期，红色就已被视为尊贵的颜色；唐代在服饰色彩方面曾规定，五品官员"朱"色为常服；明朝国姓为"朱"，又肇兴自红巾起义，所以不仅崇尚红色，更是禁止民间染指。明代帝王对红色的这种偏爱被毫无保留地倾注在北京故宫的营建用色上，纯正而富有张力的朱红色，尽显华贵又不失威严。可以说，红色记载着中国人经过世代的沉淀和升华，成为中国文化的传统精髓色彩。

（4）黄 五色中的黄色，属土。传统色中的黄色有：樱草黄、鹅黄、蛋黄、米黄、栀黄、杏黄、明黄。黄色象征着承载、阳光、生命。在五色体系中黄色居中，黄色代表了尊贵的地位和权势。在古人眼中，黄色是中央之色、中和之色。黄色，表示着生命之源，也表示着中央所在。黄袍与皇袍谐音，在一般人的认知中，黄色是帝王龙袍的专属色彩。实际上，皇帝服黄，同时禁止民间用黄是唐代才兴起的制度。黄色的"上位史"，正体现了黄色的重要意义，

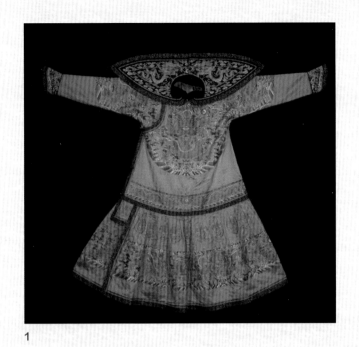

1

中央为尊。

（5）青　五色中的青色，属木。传统色中的青色有：鸭卵青、天青、蟹壳青、鸭嘴青、梅子青、琉璃色、孔雀蓝、石青等。在古代"青"色变化多端，有时指绿色，有时指蓝色。据记载，在我国周代已经开始人工种植蓝草，到了春秋战国时期已经较为普遍种植。青是中国特有的颜色称呼，在《说文解字》里，青是"东方之色"，是中国特有的一种颜色，是一种尊贵、庄重、雅致、典丽的颜色。

南宋时，始于五代的浙江龙泉窑将青釉之美做到了极致，并以其莹润如玉的粉青和梅子青称绝一时。图中这件现藏于故宫博物院的青釉贯耳瓶，就是其中的精品。它青翠晶莹，类冰似玉，"既厌于人意，又合于天造"。被古人推崇的青瓷之青，既与中国特有的玉文化有关，又蕴含着"禅"的意味。

2

1　清代明黄缎绣云龙朝袍
2　青釉贯耳瓶

颜色是原本就存在的吗

颜色被人从看见到理解，经历了感觉—感知—认知三个阶段。

感觉，顾名思义，是人的感官对外界刺激的直接意识，例如，听觉、嗅觉、味觉，当然还包括视觉。

我们对颜色的感觉和感知，需要三个基本要素：光、物体和人的眼睛。

······

颜 颜 颜

色 色 色

与 与 与

认 感 感

知 知 觉

颜色与感觉

1. 光是一切的开始

试想在一个房间里，如果没有光线，你不仅看不到任何房间里的颜色，甚至连物品也看不见。所以，"无光就无色"，光是理解颜色的开始。

什么是光?

又回到了科学的源头，对于光，17世纪存在两种说法：英国科学家牛顿认为光线是由物体（如太阳、火）发射出的小粒子组成，但是荷兰物理学家克里斯蒂安·惠更斯认为光是一种随着运动上下振动的波。

1820年，丹麦科学家汉斯·奥斯特发现电与磁有关，或者更准确的描述是变化的电场会产生磁场。11年后，英国科学家迈克尔·法拉第发现了相反的现象：不断变化的磁场也会产生电场。苏格兰物理学家詹姆斯·克拉克·麦克斯韦基于这些关于电和磁的观点，把它们整合成一个完整的"电磁学"理论。

随后，麦克斯韦开始着手解释光的本质。他意识到，一个不断变化的电场可以产生一个不断变化的磁场，然后磁场又会产生另一个电场，以此类推，并且传播速度惊人。

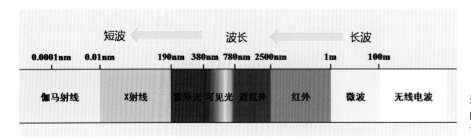

光的波长。其中，人眼的可见光的波长是380~780nm

有性格的空间
色彩情感与室内配色指南

有多快？麦克斯韦计算出了这个速度，大约每秒3亿米——非常接近现在的科学家测量到的光速。

所以这就是光：一个电场和一个磁场结合。

你可以把这两者想象成一对舞伴，紧紧相拥在一起。一个完整的电磁波频谱，是通过波长来区分的，你可以把波长看作舞步的长度。

我们人类的眼睛可以看到380～780nm之间的光谱，也叫作可见光谱。你可能想知道为什么我们能看到这个范围的光而不是其他波长的光。这主要有两个原因。

一个是，视觉通常包括由光引发的某种化学反应。人体细胞的碳基化学反应恰好是在可见光范围内启动的。

另一个是，380～780nm的范围可以在水中传播很远，这就是为什么一杯水在我们看来几乎是透明的。而人类的眼睛最早可能是在海底进化而来的，所以与其他波长的光相比，这一范围的光具有最大的优势。

在前面的故事中你已经了解到，牛顿用三棱镜把日光分解成七种颜色，所以，颜色就在光里。每种颜色都有着不同的波长，我们看到的颜色是波长反射回我们眼睛的结果。

所以，白光实际上是由所有颜色组成的，称为复合光。自然界中最常见的复合光现象就是彩虹。

有些动物能看到人类看不到的光，这些光的波长刚好在人类可见光的边缘之外。例如，昆虫能在电磁波频谱上看到紫色之前的紫外光。但是我们看不到这些。与此同时，有些红色是昆虫看不见的，但人类可以看到。

2. 物体与光的作用

光往往沿直线传播。然而，当它与其他物质接触时，它会受到这个物质的影响。物体与光的作用，有透射、散射、漫反射、反射等现象。透明的物质就是能让光通过，对光有很少的干涉。半透明的物质可以让光通过，但它散射的光刚好让人看不清楚另一面的图像。不透明的物质是没有光能穿过的，它完全挡住了光线。光照到物体表面，有些光被物体吸收，有些光被物体反射。反射到我们眼睛里的光以及那段光谱的颜色即开启了色彩之路。如绿叶吸收了除绿色以外的所有光谱中的颜色，所以我们能看到绿色的叶子。

所以，如果一个物体看起来是白色的，意味着它反射了光谱中所有的颜色。反之，如果一个物体呈现黑色，这是因为它吸收了所有的颜色。

目前，我们能看到的最黑的颜色是一种叫作"Vantablack"的涂料，它能吸收99.96%的光线。当面具被Vantablack涂料覆盖住后，几乎没有光线被反射过来。如果你正面直视它，就会失去空间的纵深感，如同凝视深渊。"Vanta"是"垂直排列碳纳米管阵列"（vertically-aligned nanotube array）的缩写。这个名字也明示了它的本质：这种涂层其实是紧密排列成束状的碳纳米管。

既然有了极致的黑，你或许想知道是否有极致的白。2020年，美国普渡大学的研究人员受撒哈拉银蚁（cataglyphis bombycina）的启发，研究出一种超白的涂料，可以反射95.5%以上的光。同撒哈拉银蚁一样，研究者开发这种涂料也是想用来降温的。经过测算，在阳光照射下，覆盖这种超白涂料的地方最多能比周围温度低10℃。

3. 眼睛——解读光信号的精密仪器

人类的眼睛可以探测到多少种颜色呢？大卫·卡尔金斯（David J. Calkins）1993年在麻省理工学院的《视觉与生理》杂志发文提出人类可以辨别超过10万种颜色；甘特（Gunter Wyszecki）在2006年出版的《色彩》一书中，把这个数字直接提升到1000万；科特（Kurt Kleiner）在2004年于《新科学》杂志发表的论文提出，人类、其他猿类和猴具有三色视觉，可以区分大约230万种颜色；梅耶（Myers David G.）1995年出版的《心理学》一书中证实了人眼可

1

以探测700万种颜色。无论学术界如何探究人类的眼睛能看到多少颜色，人类的视觉的确是不可思议的，我们的视网膜中有大约1.25亿个感光细胞，当然，你无法道出1.25亿个颜色的名字。人类视觉细胞中，视锥细胞分别感知红色、绿色和蓝色。占感光细胞总数95%～96%的视杆细胞则是亮度感受器，对光的敏感度是视锥细胞的500倍，并且散布在除中央凹以外的整个视网膜中。光通过眼睛和视网膜，直达视锥细胞和视杆细胞。这些信号通过神经节细胞、视神经，然后被大脑解读。

可以想象一下，在我们的眼睛里有数百万个微小的分子，它们的作用就像电灯开关一样，而光的亮度和颜色决定了哪些电灯开关是开着的，哪些是关着的。

研究证明，大多数哺乳动物都是色盲。即便是人类的"近亲"灵长类动物也都过着平淡无奇的灰色生活。猫的视锥细胞只有绿色和蓝色两种，所以只能分辨有限的颜色。但是视锥细胞的牺牲换来了强大的视杆细胞，这就是为什么猫在夜间有如此厉害的视觉。鸟类呢，除了猫头鹰等没有视锥细胞，绝大多数鸟都有很强的辨色能力，这有利于它们寻找配偶。昆虫虽然属于低等动物，但辨色能力却优于哺乳动物。其中蜻蜓最厉害，其次是蝴蝶和蜜蜂。为了繁衍，植物们大多都跟昆虫们套近乎，针对传粉者释放特定的颜色信号，例如，蜂类喜欢黄色和蓝色，鸟类喜欢红色，蛾类喜欢白色。

奇怪的是，有些生物和人一样只是"丢失"了一部分光谱。可见光谱是

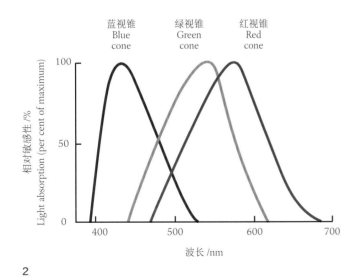

2　人类眼睛中的三种锥状细胞对不同波长光的敏感性

2

太阳光谱中最亮的部分。地球上的生命已经进化到可以看到光谱中的可见光部分。但是，还有很多光谱，许多生物都无法看到。

光有很多不同的波长，但是哪种波长对应哪种颜色，或者可以看到哪种颜色，完全取决于生物的眼睛，而不是光本身的任何性质。世界上不存在客观的"真实"颜色。所以说，彩虹的颜色只不过是人类能看到的色彩。

事实上，你看到的大多数"科学图片"，比如任何恒星、星系、单个细胞的图片等都是"伪彩色图片"。也就是说，摄像机探测到一种我们看不见的光（如无线电波），然后将它们"转换"成我们人类的眼睛能看到的形式。

1

2

1　左图：人眼看到的图像。中间：昆虫可能看到的图像。右图：黑白紫外线图像

2　正常视觉看到的颜色（左）和红绿色盲看到的颜色（右）

有性格的空间
色彩情感与室内配色指南

颜色与感知

感知，就是感觉与知觉的统称，也可以认为是知觉过程中对感觉信息进行有组织的处理，对事物存在形式进行理解认识。它是客观事物通过感官在人脑中的直接反应。

看到这里你恐怕越发迷茫……那么，物体本来有颜色吗？究竟什么是颜色呢？

顺着颜色之旅我们了解到，颜色源于光，作用于物体表面，到达人的眼睛。感知颜色的过程实际上完全是在大脑中进行的，眼睛里有对光做出反应的设备，让大脑进行信号的处理。我们的眼睛只是一个精密的光接收器，光经过通道到达了大脑，最后是大脑告诉你那是什么颜色。可以说，对于"什么是颜色"这个问题，如果没有人的眼睛对光的接收和大脑对信号的解读，那么颜色就只是各种物理波长的存在。对于颜色的这些定义，仅仅存在于我们对事物的经验，而不是实际存在。对于红色波长的光，世界上大多数人都会认为是红色，但是这并不意味着光本身是红色的，而是人类的大脑和眼睛会将其标记为红色。1704年，在牛顿关于颜色感知的开创性著作《光学》中写道，严格地说，光辐射没有颜色，它只有诱导特定色觉的能力和倾向。换句话说，不能认为颜色是世界上的一种物理属性，比如重力。

在物理学定义的"真实"世界中，物体没有固有的颜色。相反，它们的表面含有吸收某些波长并反射其他波长的物质。我们的眼睛接收反射的光波，并把它们转换成信号。然后，我们的大脑将这些信号转换成了颜色。

所以，这个世界所谓的"颜色"是人类眼中的。许多鸟类、爬行类动物以及昆虫有四种颜色感受器，有的动物有五种，例如鸽子、蝴蝶等，它们和人类看到同样的事物却会是另一种风景。最有意思的是，皮皮虾的颜色感受器竟然有16种，它能捕捉的色彩范围很广，伊利诺伊大学的研究人员从皮皮虾的视觉系统中得到灵感，创造出了一款能够感知颜色和偏振光的超敏感相机，可以应用于早期癌症的检测、环境变化监测，以及解码许多水下生物的交流秘密等，还能够提高自动驾驶汽车传感器和摄像头的质量。

1. 颜色的三要素

从历史的脉络和感知颜色的三要素中，你了解了什么是颜色，或许也同时对颜色产生了敬畏之心。让我们作回最初的那个热爱色彩的你，从颜色的色貌，来看看怎样专业地描述颜色，不再总用"浅一些的红""深一些的紫"来表达你的颜色感。

表达颜色有三个物理量，称为颜色的三属性，即色相（hue）、明度（lightness）、饱和度（saturation）。任何一种颜色都具备这三个属性，并且这三个属性相互独立。只有当三个属性都确定时，才能表达一个固定的颜色。

（1）色相（H） 是一种颜色固有的基本特征，即颜色的相貌。色相就是颜色的名字，是色与色之间相区别的最主要的特征。你能描述出来的颜色都会有一个名字，红、橙、黄、绿、青、蓝、紫，这就是色相。色相一般决定于颜色的光谱组成，为了直观地表示色相，将光谱色的色带作弧状弯曲首尾相连，形成一个色圈，就成了色相环。

（2）明度（L） 明度的基础是颜色的亮度，但亮度不等于明度。亮度在色彩学上是与光的能量大小相关的，而明度则不然，它是颜色的亮度在人眼视觉上的反映，明度是从感觉上来说明颜色的性质。因此，不能把明度单纯地理解为是一个物理学的量度，它同时还是一个心理的量度。各种颜色的明度取决于颜色对光的辐射能力。同一色相物体，它的颜色越接近于白色，其明度值越大，越接近于黑色，其明度值越小。

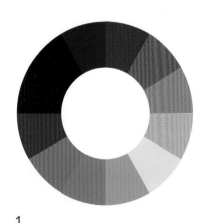

1

1 色相环是直观理解色相的工具

有性格的空间
色彩情感与室内配色指南

高明度

低明度

2

高明度

低明度

3

低饱和度 → 高饱和度

不同的色相，本身的明度也存在差异，黄色自带高光，生来就明度较高，蓝色的明度则较低。在可见光谱中，黄色、橙黄色、黄绿色都属于明度较高的颜色，橙色和红色的明度居中，而青色和蓝色、紫色的明度较低。

在各种颜料中，白色颜料是反射率极高的物质，反之，黑颜料的反射率极低，能把可见光谱中的颜色全都吸收。一种颜色如果加入白色，它的明度就会提高，加入黑色，则可以降低明度。

（3）饱和度（S）又叫颜色的纯度或彩度，是指颜色的纯粹程度，通俗地说，就是一种颜色的鲜艳程度。

可见光谱的各种单色光具有最饱和的颜色，其他物体颜色的饱和度要看其反射光或透射光与光谱色的接近程度。

物体颜色的饱和度还取决于这个物体表面的结构，如果物体表面光滑，表面反射光的主反射面上光线耀眼，颜色饱和度就高。如果表面较粗糙，表面的光呈漫反射，颜色的饱和度就低了。

在颜色设计中，如果往鲜艳的颜色里加灰色，就会降低这个颜色的饱和度。

颜色的三要素，是应用颜色过程中最基本也是最重要的知识，因为后面我们所有提及的颜色搭配和谐、色调情感表达等，都是基于色相、明度和饱和度这三个基础点展开。我们常说"三原色"，这里，先简单地了解一下颜色的混合，你就能了解到不同的三原色。

减法混色：CMYK颜料混合。当颜色吸收或减去光的波长并反射其他波长时，就会发生减法混色。在减法混色原理中，青色、品红色和黄色这三种原色分别混合形成红色、绿色和蓝色，最终混合成黑色。这种颜色混合法也是印刷领域混色的基本原理。

2　有彩色和无彩色不同明度的呈现
3　饱和度是一个颜色的鲜艳程度

另一种颜色混合的原理，常运用在艺术家混合的颜料过程中。其三原色为红色、黄色和蓝色。它之所以为大家所熟知，还基于一个事实，即红色、蓝色和黄色颜料在历史上比青色或洋红色更容易生产。

加法混色：RGB光混合。当介质是光而不是颜料的时候，红色、绿色和蓝色称为三原色。日常生活中的电子显示器，手机、电脑、电视的屏幕等，应用的均是加法混色原理。按照光线的属性，当混合不同波长的光时，每种颜色会相互叠加，最终产生白色。

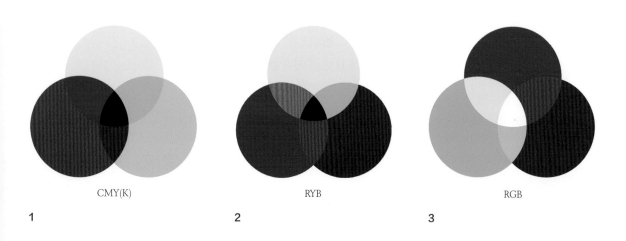

CMY(K)　　　　　　　　RYB　　　　　　　　RGB

1　　　　　　　　2　　　　　　　　3

2. 那些影响你"看见"颜色的因素

情绪、感觉甚至记忆等因素，都会影响我们对颜色的感知。所以，完全有可能存在两个人看到同一个物体，眼睛接收的波长相同，但"看到"的颜色却不同。

4

1　印刷颜料混合
2　绘画颜料混合
3　光的混合
4　光源对物体颜色的影响

颜色感知是主观的，不同的人对颜色有不同的看法和反应。影响颜色感知的因素主要是年龄、性别和文化背景。女性比男性对颜色更敏感，相对于亮色调和柔和色调的颜色，女性青睐柔和色调，男性则更倾向明亮的色调。人眼的敏感度因人而异，这就导致对颜色的理解因人而异。例如，看同样的一个苹果，有的人认为苹果的颜色很鲜艳，有的人则不然。

物体的颜色常常受到环境因素、表面条件和视错觉的影响。这些影响因素可以使颜色看起来更深、更浅、更暗或者更亮。因此影响颜色感知的外在因素也有很多，包括视角、光源、表面条件、背景颜色、色块面积等。

（1）**视角**　从不同的角度看一个物体，物体的颜色看起来会更亮或更暗，特别是半透明、珠光和金属颜料。表现在金属涂料中，金属薄片分布在整个涂层中，从不同的角度看，颜色会显得深浅不一。

（2）**光源**　物体的颜色在不同的光源下可能会有不同的表现。每种类型的光，包括白炽灯、荧光灯和阳光，都可能对物体颜色产生不同的影响。在空间设计中，不同的光源颜色对整个室内的元素包括墙面、软装、地面等都会引起视觉上的变化，从而带来不一样的氛围感受。

（3）**表面条件**　物体的肌理、光泽度和其他表面条件都会影响人眼对物体颜色的感知。粗糙的表面会令颜色看起来更黯淡，而同样颜色的光泽度高的表面，则饱和度更高。我们将重点关注在空间设计中，颜色与材质、肌理之间的关联，这是在空间设计中非常重要的因素，因为颜色是不能脱离材质以及肌理单独去认识的。

（4）**背景颜色**　背景颜色对主要物体的颜色有很大影响，和后面所探讨的"同时对比"现象一样，所有的颜色都会因为和其他颜色的关系而改变我们对它最终的感受。

（5）**色块面积**　色块的面积也是影响感知的重要因素。从物理角度来说，面积大小改变了对光的反射量。大面积的颜色，比如墙壁颜色，往往比小面积的颜色比如色卡上看到的颜色，显得更明亮，也就是明度和饱和度更高。在空间用色中，颜色的面积也是需要着重考虑的因素。两个颜色的面积不同，会形成在平衡感、强调感等方面不同的效果，并在视觉上互相影响。

因此，两个颜色组合在一起时，所占比例最大的颜色是主色，较小的区域是辅助色，强调色是面积最小的颜色，通过色相、强度或饱和度的变化而产生对比。例如，在深色背景上放置一小块浅色，或者在浅色背景上放置一小块深色会产生一种强调、对比效果。如果使用大面积的浅色调，整个区域会显得很亮；相反，如果使用大面积的暗色调，则整个区域看起来很暗。

1

2

（6）**同时对比**　是一种视觉感知现象，这是非常重要的一个知识点。

一种颜色会受到它周围其他颜色的影响，这被称为同时对比（或色诱导）。在颜色的历史故事中，我们提及过法国人雪佛勒是最早研究这种现象的人之一。根据韦氏词典，同时对比是指"一种颜色在色相、明度和饱和度上相邻的颜色产生相反的效果，并相互影响的趋势"。同时对比会对两个颜色从明度、色相和饱和度三个维度均产生影响。

这是因为人类的视觉系统的进化并不注重精度，而是注重实用性。在进化的过程中，为了生存，我们的祖先能看清并区分草原中央的狮子比能够区分两种非常近似的黄色要重要得多。这就形成了我们视觉上颜色感知的"同时对比"，也是对图像颜色的"后期制作"，这种制作是在生理互补的方向上起作用。比如蓝色和黄色一起出现时，会加强颜色之间的对比；再比如，一幅画中有一个强烈的红色斑块，它周围的颜色就会呈现出微妙的红色成分。

因此，所有的颜色都与相邻的颜色相互作用。因为颜色同时相互影响，所以叫作"同时对比"。这种影响不是物理意义上的真实，而是大脑和眼睛在现实世界中运作的结果。

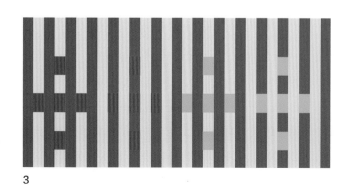

3

1　在图中的红色、绿色色块中，左图因为两个色块面积相同，看起来处于平衡状态；在右图中，红色块中小面积的绿色更能吸引人的注意力

2　从左图橙色和蓝色色块可以看出，橙色和蓝色在比例相等的情况下不能很好地平衡，蓝色似乎是更主要的颜色；而像右图如果蓝色占1/3、橙色占2/3，那么橙色有更多的机会发挥自己的作用，颜色看起来也会更平衡

3　红色块、绿色块因为相邻的颜色不同而在视觉上发生了变化

下面是一些同时对比的现象。

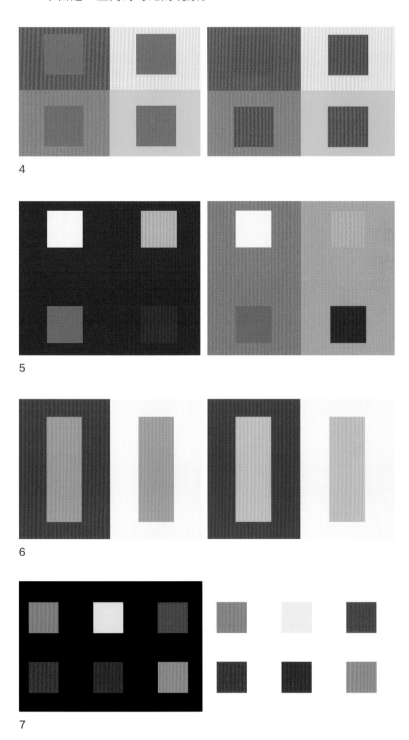

4　左图中同样色值的灰色
　色块和右图中同样色值
　的紫色色块，都会在明
　度相对较低的蓝色和紫
　色背景下显得更黯淡

5　同样色值的四个小色
　块，左边这组的背景低
　明度，右边这组背景则
　是高明度，色块的视觉
　差别是：黄色更饱和，
　浅蓝色、灰绿色、深蓝
　色明度更高

6　背景具有明度差别时对
　同样色值的色条也会产
　生视觉影响

7　同样的颜色在黑色的背
　景下都会显得更亮，更
　有强度；在白色背景的
　衬托下都会显得强度较
　低，颜色较深

提示：这里提及一个专业建议，灰色背景可以更准确地显示颜色。

1

1 相同强度的红色和绿色在不同背景色中的表现

2 任何两种互补色在并排使用时都比分开显示能产生更强的对比

3 相同的蓝色块，只有在其互补色的黄色背景下才呈现出最饱和的状态

4 在圆圈外增加深色和浅色的细线，会增加它们与背景色之间的强调性

5 同时对比会在颜色之间形成鲜明的边缘

6 在实际应用中，当要表达的内容与背景色互为互补色时，应该用高饱和度来呈现

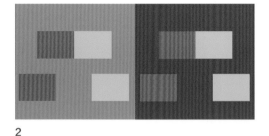

2

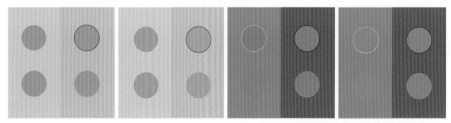

3

4

5

6

提示：开发"锐化"技术的工程师们从人类的感知中得到启示，并将该现象用于图像锐化解决方案。

有性格的空间
色彩情感与室内配色指南

（7）**距离** 色彩可以使人感觉出进退、凹凸、远近的不同，一般暖色系和明度高的色彩具有前进、凸出、接近的效果，而冷色系和明度较低的色彩则具有后退、凹进、远离的效果。空间设计中常利用色彩的这些特点从视觉上改变空间的大小和高低。

（8）**温度感** 颜色的冷暖感觉与颜色的色相、饱和度有关。

通常来说，我们把色相环中的颜色分为暖色系和冷色系，从红紫、红、橙、黄到黄绿色称为暖色，从青紫、青至青绿色称冷色。紫色是红与青色混合而成，绿色是黄与青混合而成，因此也可以看作是温色。另外，颜色的温度感也和人类长期的感觉经验有关，如红色、黄色让人联想到太阳、火等，自然就会从心理上产生热的感觉；而青色、绿色让人们联想到江河湖海和绿色的田野、森林，因此带来凉爽的色感。但是色彩的冷暖既有绝对性，也有相对性，愈靠近橙色，色感愈热；愈靠近青色，色感愈冷。

（9）**重量** 色彩的重量感主要取决于明度和饱和度，明度和饱和度高的颜色心理感觉更轻。

（10）**尺度感** 颜色对物体大小感觉的作用，包括色相和明度两个因素。暖色和明度高的色彩具有扩散作用，因此物体显得大，而冷色和暗色则具有内聚作用，物体看起来会显得小。不同的明度和冷暖的颜色也能通过对比起到互相影响的作用，室内不同家具、物体的大小和整个室内空间的色彩处理有密切的关系，可以利用颜色来改变物体的尺度、体积和空间感，使室内各部分之间关系更为协调。

7 左图整体是明度高的色块，右图则是明度低的色块

7

3. 那些欺骗你看到颜色的因素

我们首先了解一下视错觉的概念。视错觉与光没有多大关系，更多的与我们的大脑有关。一般来说，视错觉可以利用颜色、光线和图案来产生对我们大脑具有欺骗性或误导性的图像。大脑处理眼睛所收集到的信息，产生一种与真实图像不匹配的感知。视错觉的发生是因为我们的大脑试图解释我们所看到的，并理解我们周围的世界。通过观察视错觉图片，你会发现大脑要准确地解读眼睛所看到的图像是多么困难。

这些相互垂直的短线的角度是一致的吗？

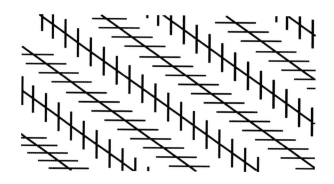

下图中，方格与方格之间的点是什么颜色呢？黑色的还是白色的？乍看起来似乎有黑色点也有白色点，但其实并没有黑色的点，当你的视觉聚焦到某个点时，会发现点的颜色是白色的。

这是由于视觉滞留现象（persistence of vision），当人眼所看到的影像消失后，其影像仍然在大脑中保留0.1~0.5秒左右，这种现象称为视觉滞留现象。

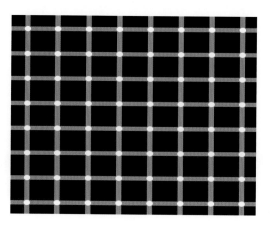

赫曼方格

比如直视太阳数秒后，大脑中将残留一个强光源的影像。我们日常使用的日光灯每秒大约熄灭 100 余次，但我们基本感觉不到日光灯的闪动，这都是因为视觉滞留的作用。所以，要达成基本的视觉滞留效果至少需要10fps。视频画面的刷新率同样如此。由于人特有的视觉滞留现象，从而给人造成视觉颜色的心理错觉。

这些水平线是平行的吗？

因为图片中黑色和白色的方块没有对齐，所以让你的大脑误以为这些线是倾斜的。

灰色条的明度是一致的吗？

由于背景的影响，使人感觉灰色条的明度并不是一致的，但是事实上是一致的。

颜色与认知

　　颜色在经历了感觉、感知过程以后，与我们的互动进入认知环节。通过思考、经验和感觉获得知识和理解的心理活动或过程叫作认知。认知的心理过程包括意识、知觉、推理和判断等方面。我们在日常生活中的经验、处事方法、成长历程，都影响着自己对颜色的认知。通过习得性联想也影响我们对色彩的认知。当人们反复遇到伴随着颜色的特定体验和理解着一种颜色概念时，会对颜色形成特定的联想。这其中，颜色的情感、颜色的符号性以及颜色的文化性就会体现出来，一个鲜明的例子就是红色，西方人常常将红色和危险、警示联系在一起，而中国人认为红色则是喜庆、幸运的代表。同时，当所有的感官包括触觉、听觉、味觉等都参与到对颜色的感受中的时候，颜色又需要被置于材质、肌理之中同时对视觉产生影响。

有性格的空间
色彩情感与室内配色指南

1. CMF——颜色、材质、工艺

在谈颜色与认知的时候，有一个重要的概念需要根植在心里，即我们不能单纯地谈颜色，因为颜色是和物体的材质，以及不同的工艺手段带来的表面处理效果形成的材质肌理联系在一起的，从而形成整体的色貌。CMF，是英语Colour Material Finishing的缩写，意思是"颜色、材质、工艺"。CMF越来越多地受到重视，因为只有把颜色和材质、工艺结合在一起考虑，才能表达物品的功能和情感属性。

正如颜色影响我们的感觉、感知和认知，人类是通过视觉、听觉、味觉、嗅觉和触觉来解释和感受周围的世界的。对于设计师来说，学习为所有感官服务的设计变得尤为重要。颜色带给人的联想，可以是具体的物品，也可以是生活经验中的某些片段，同时，颜色也能给人带来质感或触觉联想（tactile associations）。

你需要明白，色彩不是单独存在的，色彩需要承载它的物质来展现。同一种颜色在不同的材质上，呈现出的颜色会有偏差，带来的视觉感受和心理感受也会相差很多。色彩与材质相互依赖相互影响，只有把色彩和材质很好地结合起来，才具备完整色貌。

同样是红色的纱布窗帘、地毯和汽车，由于材质不同，带给人的心理感受就会不同。红色的纱布窗帘由于其飘逸的材质，给人以神秘感和轻盈感；红色地毯就显得厚重；红色在金属上由于其镜面反射和材质本身的光滑手感，给人以冷感。

**红色在不同材质上呈现出
不一样的心理感受**

下面列举几个常见的材料。

（1）**木材**　是常用材料中最天然、最原始的材料。由于树木的树种和生长环境的不同，木材也会显现出不同的颜色和肌理。

由于木材这种天然、原始材料给人以温暖、舒适、安全、自然、恬静的感觉，常用于与人们亲密接触的产品中。以木材作为材料，利用木材的天然、不重复性、可塑性和装饰性，不仅使得产品给人亲切、舒适的感觉，其不同的天然肌理也令产品独一无二。

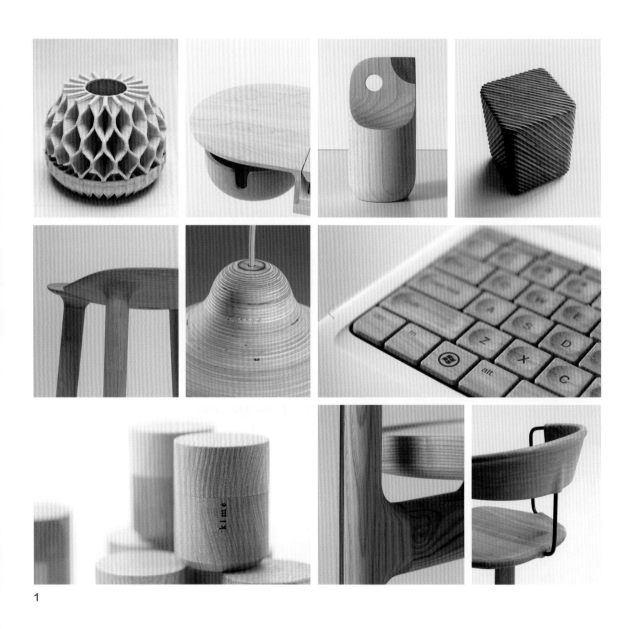

1

有性格的空间
色彩情感与室内配色指南

（2）**塑料** 从开始使用直至今天的一百多年时间里，塑料制品的颜色以及形态的多样化使塑料制品在生活中无处不在。不同的加工工艺使塑料表现出不同的柔韧度和透明度。

2

1　木材的各种应用
2　塑料的各种应用

（3）**金属**　是一种自带光泽的材料，并且金属的表面都有特殊的颜色。比如青铜器的金属光泽给人以沉重久远的感觉；不锈钢的光泽给人以冷峻和现代感；镏金金属给人以华贵气质。由于金属的属性与色彩结合产生的差异不同，就会产生不同的视觉和心理感受，同时，金属的表面经过各种有物理效果、化学效果、涂装效果的工艺，又最终呈现出不同的色调形态。

1

有性格的空间
色彩情感与室内配色指南

（4）**玻璃** 给人最直接的感受就是其透光带来的色彩通透性，并且玻璃的薄厚差异和角度差异会带来万千变化。玻璃制品中加入色彩会使制品显得灵动璀璨，色彩因玻璃的折射而更加夺目绚烂。

1　金属的各种应用
2　玻璃的各种应用

2

材料特有的物质属性会给产品的色彩表现带来特有的视觉和心理感受，而且材料的表面物理属性，如光滑度、透明度等，都会对色彩的表现产生影响。

（1）**光滑度**　是指一个物体表面的凹凸程度（凹凸程度会影响物体对光的反射）。表面越光滑，物体对光的反射越强，且反射光的方向一致，物体颜色看起来就会更加鲜亮，比实际颜色的饱和度要高，如玻璃、不锈钢、瓷器等。相反，表面粗糙的材料，平滑度低，表面反射弱，且反射光的方向不一致，使得物体色彩饱和度比实际颜色看起来要低，如陶器、陶土雕塑等。所以，对于同一种颜色，光滑度高的物体表面比光滑度低的物体表面看起来要鲜艳、活泼；粗糙的物体表面给人以质朴、沉稳的感觉。

（2）**透明度**　是指一个物体表面的透光性质。室内空间中的大部分物体都是不透明的，即能够挡住光线而隐藏内部或者身后的物体。而有些材质，如玻璃、塑料、某些矿石都有透光能力，结合起来应用，使整个空间在材质透明度与色彩的结合下层次感丰富。

所以，善用CMF的不同组合效果，可以创造各种视觉效果从而影响心理感受，有意识地将物体表面平滑度、透明度等与色彩结合来选择材质，能创造出更多的视觉语言。目前的CMF应用领域常常应用于工业设计产品以及汽车内饰品。在空间中，我们会以CMT（Colour Material Texture），即颜色、材质、肌理的概念在下文讲解。

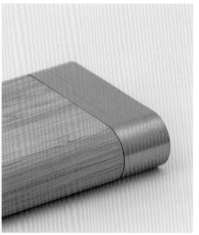

1　将不同肌理呈现出不同光滑度的材质结合在一起的设计

1

2

2 透明、半透明、不透明
的材质应用

2. 颜色的情感

相较于"颜色心理学"这一专有名词，在设计领域笔者更倾向用"颜色情感"这一定义。由颜色或颜色组合引起的人们的心理感觉和共鸣被称为颜色情感。心理学的研究涉及知觉、认知、思维、情绪、人格、行为习惯等，颜色作为视觉系统中最直接的沟通语言，通过唤起人类的情感，能更精准地捕获消费者、用户的需求，甚至成为引导消费的工具。在1997年的第八届国际色彩会议(AIC)上，"颜色情感"一词开始出现，并成为跨学科领域的研究内容。

最早的颜色情感表达研究者，应该可以说是歌德了。早在1798年，歌德和席勒就编著了《气质的玫瑰》(Temperamenten-Rose)。这张图将12种颜色与人类的职业或性格特征相匹配，具体分类为胆汁型(红色/橙色/黄色)：暴君、英雄、冒险家；乐观型(黄色/绿色/青色)：享乐主义者、恋人、诗人；冷漠型(青色/蓝色/紫色)：公众演讲者、历史学家；忧郁型(紫色/品红色/红色)：哲学家、学究、统治者。

关于颜色和心理功能的理论自歌德在1810年出版《颜色理论》以来就一直存在。在《颜色理论》中，他将颜色类别(如黄色、红黄色、黄红等"加"色)与情感反应(如温暖、兴奋)联系起来。戈尔茨坦在1942年进一步扩展了歌德的直觉，认为某些颜色(如红色、黄色)会产生系统的生理反应，表现在情绪体验(如消极的唤起)、认知取向(如外在的专注)和公开的行为(如强迫的行为)。随后，日本研究者在1964年从戈尔茨坦的观点中衍生出关于波长的理论，提出波长较长的颜色让人感到兴奋或温暖，而波长较短的颜色让人感到放松或凉爽。其他关于颜色和心理功能的概念集中在人们对颜色的一般联想，以及它们对情感、认知和行为的相应影响。

1 《气质的玫瑰》(Temperamenten-Rose)

1

有性格的空间
色彩情感与室内配色指南

在前文关于色彩研究的历史故事中我们也介绍过，1897年奥地利教育家和哲学家霍夫勒的《心理学》介绍了他的第一个色彩系统，一个长方形底座的双层金字塔，一个八面体。后来，他提出了一个更进一步的、衍生的颜色固体与一个三角形的基础(四面体)。白色和黑色出现在两个结构的顶部，灰色出现在中间。霍夫勒的色立体应该被看作是色彩视觉与色彩心理效应之间关系的一种表达。后世许多心理学教科书都采用了他的金字塔理论来解释我们对颜色的感知。

利伯曼（Jacob Liberman）在1996年从生理学角度研究了人对颜色的反应，即色彩和血压、脉搏压及呼吸率之间的关系。他发现红色、黄色导致生理功能的相关指数上升，而黑色和蓝色导致其下降。

一项可以帮助医生判断患者的情绪变化的研究表明，抑郁或焦虑的人更容易将自己的情绪与灰色联系起来，而快乐的人则更喜欢黄色。研究结果有助于医生判断儿童和有语言交流障碍患者的情绪。这是一种比提问更能捕捉病人情绪的方法，是一种远离语言的测量焦虑和抑郁的方法。有趣的是，苦恼和健康的人都喜欢蓝色。

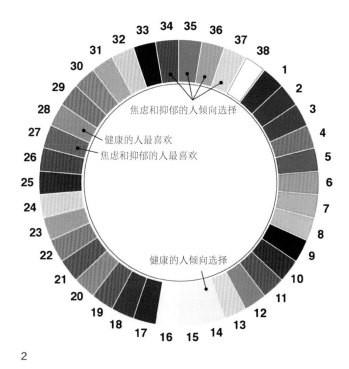

2　研究表明，焦虑和苦恼的人倾向于选择灰色，健康的人喜欢黄色，两组人都喜欢蓝色

颜色是原本就存在的吗

研究人员还发现，颜色和情绪关联时，饱和度很重要。"浅蓝色和心情不好没有关系，但深蓝色却常常和心情不好联系在一起。颜色的深浅比色相更重要。"

然而颜色的明度和饱和度的不同程度有着太多的可能性，所以通常都以色相来表达情绪，因为色相与联想、语义、文化、象征等有着最直接的联系。

学者们注意到，在动物的对抗中，充血的红色皮肤往往占上风，大概这是身体状况优越的标志。因此推测在体育比赛中穿红色衣服具有竞争优势。

2010年，市场学教授塞布尔和阿凯从文化营销的角度比较了颜色的象征性和意义。例如，白色在东亚象征着悲伤中的净化，而在澳大利亚或美国则象征幸福。红色在尼日利亚或德国表示不幸，但在中国和丹麦是幸运的标志。黄色在美国意味着温暖，在法国代表不信任，在俄罗斯代表嫉妒，在中国代表幸福，在巴西代表失望。寻求进入国外市场的企业需要意识到颜色的含义随着国家或地区的变化而变化。

2012年，学术界提出了颜色与社会经验有关的理论。也就是说，颜色的心理反应与自身的经验有关。

以上只是浩瀚的颜色情感、颜色文化现象研究中的一部分成果，学者们都想要证明的是，颜色与社会、文化、人文、联想等密切相关，从而引起人们各种情绪和情感的变化。

总的来说，颜色和心理功能的实证研究可以追溯到19世纪末，一些重点的研究成果简单总结如下。

林赛等研究学者在色彩和选择性注意的实验中发现，相对于其他几种颜色，受试者对目标是饱和红色的物体搜索速度更快，也就是说红色刺激可以让人集中注意力；罗克力等人通过研究色彩与警觉性，发现相对于黄色，蓝光可以提高主观警觉性；希尔和巴顿等学者研究了色彩与运动表现，结论是穿红色衣服的跆拳道选手比穿蓝色衣服的选手表现更好，穿红色可以优化运动员在运动比赛和任务中的感知和表现；伊利尔特等人研究了色彩与智力表现，发现在一项具有挑战性的认知任务之前多看红色会使表现变差；格林莱斯等学者的色彩和优势评价研究表明，穿红色的男性更具有进取心和主导力的优势，同时，男性会认为穿红色衣服的女性更具吸引力；在商业领域，英国一些较为成功的公司的标志大多是蓝色，而日本公司则更青睐红色。

颜色果然在无时无刻地、微妙地影响着我们。可以说，要做出一个打动人心的设计作品或是产品，最直接的切入点就是利用颜色的魅力。

有性格的空间
色彩情感与室内配色指南

（1）**红色**　是人类最早使用的颜色，在颜色的历史故事中就讲了红色出现在人类最早的岩画中。

东方文化中红色代表喜庆、激情、热烈、热闹，也表示进步、能量。在西方文化中，红色往往与危险、警示、力量联系在一起，也代表激情、欲望和爱。

（2）**粉红色**　大家认为粉红色是天生的女性色彩，事实上，19世纪和20世纪初在西方恰恰是完全相反的，父母经常给男孩用粉红色，女孩用蓝色。例如，1897年《纽约时报》发表了一篇题为《婴儿的第一个衣橱》的文章，建议父母们"给男孩穿粉红色，给女孩穿蓝色"。1918年，《英国护理杂志》表达了同样的观点。直到20世纪50年代欧美国家才宣扬粉红色为一种明确的女性色彩。1955年汽车制造商道奇推出了粉红色和白色的"La Femme"车型，还特意搭配了口红架和粉红色雨伞。至此，粉红色开始轰轰烈烈地与女性世界联系在一起。

柔和、轻柔的粉红色调，往往代表纯真、少女时代、教养、爱和温柔。

明亮、强烈的粉红色代表性感、激情、创造力、活力，这种颜色可以提高脉搏频率和血压。

有性格的空间
色彩情感与室内配色指南

（3）**橙色**　介于红色和黄色之间的颜色是橙色。从历史上看，古埃及人和中世纪艺术家大量使用橙色颜料，橙色颜料通常是由一种剧毒矿物雌黄制成的，这种矿物含有微量元素砷。在15世纪晚期之前，欧洲人只是简单地把橙色称为黄红，直到他们引入了橙树，这种颜色才最终命名为橙色。在18和19世纪的艺术世界中，雷诺阿、塞尚和梵高等艺术家使橙色成为印象派的象征。

不同色调的橙色具有不同的代表意义。柔和的橙色给人以甜美的、友好的感觉，而更强烈的橙色代表活力、能量和鼓励。深色的琥珀色象征自信和骄傲。

橙色与欢乐、阳光和热带联系在一起。它代表热情、魅力、快乐、创造力、决心、吸引力、成功、鼓励和刺激。它是唯一一种以物体命名的颜色，所以你很容易联想到香甜的橙子。在古代文化中，橙色被认为可以提高能量水平，治愈肺部疾病。橙色代表欲望、性欲、快乐、支配、侵略和对行动的渴望。金色是橙色的一种高明度变化，充满了威望的感觉，同时带有启迪智慧和财富的意味。

（4）**蓝色** 长期以来蓝色一直与皇室、艺术、军事、商业和自然紧密相关。

最早的蓝色颜料是蓝铜矿也就是青金石，这种鲜艳的深蓝色天然矿物，广泛见于古埃及的装饰和珠宝。从中世纪的彩色玻璃窗到中国精美的青花瓷，再到雷诺阿和梵高等艺术家的名作，蓝色在艺术世界里得以延续并备受青睐。

可以说，蓝色是最受欢迎的颜色，与信任、忠诚、智慧、自信、信仰、真理联系在一起。蓝色有镇静作用，有助于降低血压和减慢心率，在环境中使用蓝色对身心都有好处。柔和的蓝色可以营造宁静的氛围，并与健康、治愈、理解和柔软联系在一起。

（5）**黄色** 作为阳光和黄金的颜色，黄色是充满活力和历史意义的颜色。从黏土中提取到的黄色颜料，是最早出现在一万七千年前洞穴艺术中的颜料之一。古埃及人也大量使用这种颜色。由于其与黄金的密切联系，所以黄色代表永恒的和坚不可摧的。黄色与艺术界有着长期的联系，梵高等艺术家将其作为一种标志性的颜色，以表达温暖和幸福。黄色可以象征幸福、阳光、正能量和快乐。

此外，黄色也是原色中明度最高的颜色，想快速吸引人的注意力，可以使用黄色作为视觉刺激。

（6）**绿色** 是一种与自然、环境以及所有与大自然有关的事物紧密相关的颜色。从历史上看，绿色作为一种很难制作的颜料，在史前艺术中并不像其他颜色出现的那样早。由于这个原因，许多艺术和织物上的绿色要么变成了暗褐色，要么最终由于使用的颜料活性较大而褪色。因此，只有当生产出合成的绿色颜料和染料时，人们才在整个现代艺术中广泛地看到了绿色。

在西方国家，绿色是代表幸运、新鲜、希望、嫉妒和贪婪的颜色。在东方世界，绿色是代表新生、青春和希望的颜色。

绿色有助于平衡情绪，提升清晰感，并创造出一种整体的禅意。绿色显然是代表自然和健康的颜色，也与同情心、善良等情感有着密切的联系。绿色象征着成长、和谐、清新和丰饶，通常使人们感到情感上的安全。

（7）**紫色**　在西方，紫色一直是历史上皇室和贵族的象征，直到1856年，人们逐渐接受紫色成为时尚和风格的象征。

公元前1600年，腓尼基人制作1克紫色染料需要碾碎12000只骨螺，从中提取腺体分泌的黏液。这种黏液与木材、灰烬和尿液混合在一起发酵产生紫色染料。于是在中世纪和文艺复兴时期，紫色作为奢侈色的一部分，是贵族阶级、地位高的人群享用的颜色。直到1857年，18岁的化学专业学生威廉·亨利·珀金发现了如何通过煤焦油和苯胺的结合来合成紫色染料。他申请了专利，将其命名为"淡紫色"，并很快批量生产——这引发了一场名为"淡紫色麻疹"的热潮。

紫色是一种介于暖红和冷蓝之间的颜色，它在色谱中处于一个有趣的位置，根据特定的色调，它可以是冷色也可以是暖色。正因为如此，不同深浅的紫色可以产生明显不同的效果。光谱中较淡的一端是淡紫色。苍白、柔和的色调传达了女性、怀旧、浪漫和温柔的气质。

深紫色代表皇室、贵族和奢侈。而饱和度低的紫色，给人以严肃、忧郁和悲伤的感觉。

有性格的空间
色彩情感与室内配色指南

（8）**棕色** 大量的研究表明，棕色是公众最不喜欢的颜色之一，或许因为它有着不明确的色相的缘故。棕色是历史上最早使用的颜料之一，它一直是艺术和文化领域的主角。

棕色在现代文化中代表更多积极的含义，是有机、自然、健康和质量的象征。棕色可以传达温暖、放松和厚实的感觉。

（9）**白色** 根据记录，白色是艺术中使用的第一种无彩色，旧石器时代的艺术家使用白色方解石和粉笔画画。

古埃及、古希腊和古罗马的神都穿着白色的衣服，从而使得白色在西方是善良、灵性、纯洁、虔诚和神圣的象征。而在许多亚洲文化中，白色代表哀悼、悲伤和失去。有意思的是，曾经的医疗场所常常用白色的墙面代表洁净，经过研究和调查，医疗环境中的白色反而给人紧张、萧索、不近人情的感觉。所以现代医疗环境中往往考虑到更多的心理需求，将不同色相、明度、饱和度的颜色使用在不同功能的区域，用色彩来缓解患者的情绪。

白色也是代表现代科技的颜色，表现复杂的、流线型的和高效的含义。在白色的环境中，容易让人感觉到时间流逝，因此白色常被用在厂房以及办公环境。

有性格的空间
色彩情感与室内配色指南

（10）**黑色** 和白色一样，黑色也是较早在艺术中使用的无彩色，这种颜料是旧石器时代的人使用木炭、烧焦的骨头或各种碎矿物制成的。

历史上，黑色一直是邪恶、哀悼、悲伤和黑暗的象征。然而，在古埃及，黑色有保护和生育的积极含义。

从一个时代到另一个时代，从一种文化到另一种文化，黑色在意义、应用和观念上经历了许多转变。最终，这种颜色发生了革命性的变化，在时尚界获得了突出的地位，迅速成为优雅和简约的象征。

黑色也是一种锐利的颜色，可以代表复杂、神秘、性感、悲伤和痛苦。

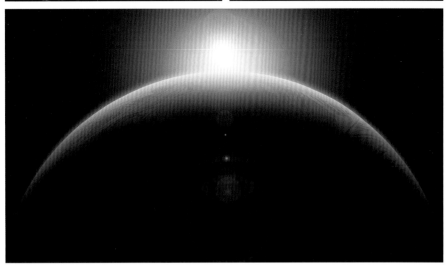

3. 中国人的情感色调认知

这两张图中的颜色都是红色、绿色、黄色、蓝色，左边这组颜色的明度高，右边这组的明度低；左边的颜色组合给人一种清新、年轻、轻盈的感觉，而右边的组合则给人稳重、沉着、醇厚的感觉。

这里，引出"色调"的概念。色调是指基于颜色明度和饱和度而划分出来的色彩群。从这两张图可以看出，色相是基础，色调是引起不同情感的要素。

色调的研究在国际上早已形成不同的体系并各自有成熟的应用。其中应用比较广泛的，是由日本的小林重顺（Shigenobu Kobayashi）基于孟塞尔色彩体系与ISCC-NBS色调划分方法开发的色相 - 色调系统。这个系统在颜色感知的基础上把色相分为12个色调（鲜艳的、柔软的、淡的、浅的、明亮的、强烈的、浓深的、明灰的、灰的、浑浊的、暗的、暗灰的）。也有学者通过实验对单一颜色的情感分类进行研究发现，中国人和德国人对冷 - 暖、软 - 硬、轻 - 重、积极 - 消极情感词的反应不同。在日本研究者开发色调系统的过程中，可以看到通过实验总结出的不同色调与形容词语之间存在对应关系。然而，针对中国本土如此庞大的设计、产业、教育市场，需要建立起一个针对中国人的独特的情感形容词与色调解读的对应系统，研究中国人对色调的情感性认知，从而建立中国人色调与情感形容词之间的对应关系。在经过严谨的桌面调研、心理物理实验等研究过程之后，中国人的情感色调认知系统诞生了，该系统具有两大特点，一是依据中国的文化特征为色调命名；二是基于中国人独特的视觉感知进行色调划分，在中国人特定的情感词词库中选词，并将情感形容词和色调进行对应。

1

1 左边的颜色组合给人清新的感觉，右边的组合给人稳重、沉着的感觉

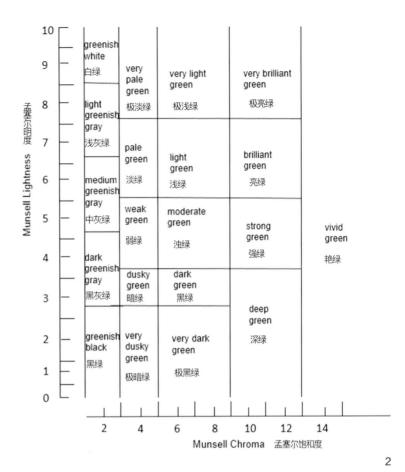

2

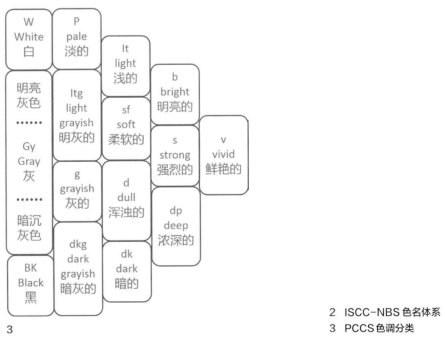

3

2 ISCC-NBS 色名体系
3 PCCS 色调分类

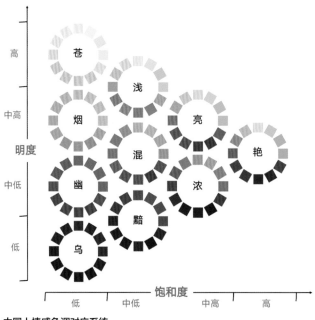

中国人情感色调对应系统

通过对每个色调形容词的统计，可以得出每个色调都会引起不同的情感反应，如下表所示。

中国人情感色调对应的形容词

色调	形 容 词
苍	明快、细腻、清亮、朦胧、稚气、女性化、轻松、镇静、纯净、清爽、整洁、轻盈、清新、明朗、宁静、清净、安宁、单纯、清澈、宽敞、透明、清淡、清凉、圣洁
烟	幽静、朴实、镇静、典雅、雅致、文雅、祥和、恬静、高雅、优雅、清凉、秀气、清净、乖巧、安宁、柔美、恬淡、含蓄、细腻、透明、温和、温柔、安静、舒适、素雅、清淡、平缓、淡泊、柔和、淡雅、朦胧
幽	平缓、舒适、温和、淡雅、文雅、素雅、理智、安宁、典雅、雅致、朦胧、老实、稳重、安静、宁静、传统、深邃、淳朴、简朴、清静、冷峻、镇静、幽暗、含蓄、沉着、朴素、朴实、保守、幽静、古朴、冷静
乌	朴实、壮丽、粗犷、冷峻、古朴、老练、传统、浓郁、浓厚、稳重、沉稳、幽暗、厚重、深邃、保守、男性化、坚固、凝重、坚实、沉重、坚硬、深沉
浅	秀丽、美好、愉快、秀美、温柔、娇嫩、清澈、清新、活泼、稚嫩、柔和、稚气、年轻、单纯、芳香、恬淡、清淡、鲜嫩、明快、甘甜、可爱、女性化、轻松、秀气、柔美、清丽、清爽、清亮、轻盈、轻快
混	安静、舒畅、整洁、美好、芬芳、温暖、细腻、雍容、优雅、安宁、高雅、幽雅、祥和、细致、端庄、文雅、温柔、韵味、恬静、雅致、舒适、简朴、温馨、温和

有性格的空间
色彩情感与室内配色指南

色调	形 容 词
黯	保守、坚硬、坚固、淳朴、传统、深邃、贵重、从容、朴实、深沉、粗犷、沉着、男性化、沉重、老练、古典、浓郁、浓厚、成熟、凝重、厚重、稳重、幽暗、沉稳
亮	瑰丽、芳香、精致、艳丽、辉煌、单纯、清新、富丽、温暖、浪漫、鲜艳、时尚、稚气、清丽、轻快、秀丽、芬芳、秀美、热情、纯净、健康、可爱、舒畅、甜蜜、兴奋、生动、甜美、新鲜、女性化、鲜嫩、美好、清亮、年轻、运动、积极、乐观、娇嫩、朝气、动感、青春、欢快、欢喜、明朗、愉快、活力、明媚、鲜明、明快、活泼
浓	秀丽、壮丽、粗犷、传统、华丽、瑰丽、富贵、富丽、旺盛、温暖、贵重、成熟、丰厚、充实、浓郁、浓厚
艳	舒畅、芬芳、明朗、高贵、丰厚、可爱、甜蜜、女性化、年轻、秀丽、美好、明媚、新鲜、生动、愉快、动感、壮丽、欢喜、辉煌、吉祥、乐观、活泼、时尚、活力、青春、运动、积极、富贵、富丽、朝气、旺盛、华丽、欢快、鲜明、兴奋、鲜艳、瑰丽、热情、艳丽

可以看出每个色调的明度和饱和度的视觉表现，如"苍"色调处于明度最高，饱和度最低的位置，结合实验结论，"苍"色调最容易给人带来圣洁、清凉、清淡和清明之感。"苍"色调明度降低形成"烟"色调，使"烟"色调中的颜色带有一点点的灰色，给人带来朦胧、淡雅和柔和之感。"烟"色调中明度降低形成"幽"色调，使"幽"色调中的颜色中灰色含量较高，给人带来幽静、保守和古朴之感。明度最低的"乌"色调，给人带来坚硬、深沉和沉重之感。在饱和度增加的横轴上，略带色相的"浅"色调，给人带来轻快、轻盈和秀气的感觉。随着明度的逐渐递减，"混"色调、"黯"色调给人带来温和、温馨、舒适、沉稳、幽暗之感。饱和度高、明度适中的"亮"色调、"浓"色调，色相感更加清晰，给人带来活泼、愉快、活力、浓厚、丰厚和浓郁的感受。而"艳"色调，是饱和度最高且明度中等的色调，势必给人带来艳丽、热情和兴奋之感。

应该说，关于情感与色调感知的对应关系研究，在应用层面的意义在于能更直观地利用颜色进行设计和沟通。对于设计师甚至消费者来说，以形容词表达对产品的感受最为常见和直接，例如，"清新""安宁"的产品以及空间设计，可以用高明度、低饱和度的"苍"色调来实现；想要表现"细腻""优雅""舒适"的感觉，可以用"混"色调的中等明度、中等饱和度颜色来满足诉求。同时，这些色调还可以穿插和综合使用，以从视觉上丰富色调层次，又能满足多重情感表达。

在空间设计中，不同的色调所对应的情感词，是设计师表达空间情感的依据和基石，同时，色调之间的搭配，也是空间中色彩和谐表达的有力工具。

4. 颜色偏好

我们已经了解到，人对颜色的感知受各种因素加上个体差异的影响而不同。通常，不同人群对颜色偏好呈现各异的结果是性别、年龄、文化背景以及经历经验不同引起的。而颜色所激起的情感，所带来的联想，所表示的意义也各异，因此颜色偏好也一直是研究领域的重点课题，尤其对商业产品的跨国界、跨地区经营，需要精准地对不同地区人群的颜色偏好进行调查研究。一个人的颜色偏好通常随年龄而变化，人们在婴儿时期喜欢黄色和红色，随着他们的成长，发展成喜欢蓝色或绿色。同时，颜色偏好也随着教育而变化。研究人员研究了人对颜色的反应是本能的还是后天学习的，并考虑颜色意识是否与意义相关联，以及偏好是否与文化相关。此外，对颜色的偏好还受地理因素的影响。

要研究颜色的偏好，还需要了解艺术和人类学中的色彩象征主义（color symbolism），即在各种文化中使用色彩作为象征的现象。另外，颜色象征也与情境有关，并随着时间的变化而受到影响。

英国作曲家布里斯（Arthur Bliss, 1891—1975年）在1922年创作的《颜色交响曲》，四个乐章中，紫色代表紫水晶，象征壮丽、尊贵、死亡；红色代表红宝石，象征醇酒、欢宴、熔炉、勇敢、魔法；蓝色代表蓝宝石，象征深水、碧空、华贵、忧伤；绿色代表绿刚玉，象征希望、欢乐、青年、春天、胜利。布里斯想用各种音乐形态来象征各种颜色，再以这种颜色来表达人的感受、意识、情绪等心理状态。

世界各地的人们都将色彩与情感联系在一起。一个国际研究小组对来自6大洲30个国家的4598名参与者进行了一次细致的调研。调研过程要求参与者填写在线问卷，将20种情绪分配给12种不同的颜色术语。研究表明，在世界范围内，红色是唯一与积极情绪（爱）和消极情绪（愤怒）同时紧密相关的颜色。棕色带给人最少的情感反应，这也是全球普遍的现象。科学家们还指出了一些与国家和民族特色有密切关联的颜色。例如，与其他国家相比，白色在中国与悲伤的关系更为紧密，在希腊，紫色也是如此。除了文化特色外，气候也可能起作用。在阳光较少的国家，黄色倾向于与欢乐情绪密切相关，而在阳光较多的地区，这种联系则较弱。因此，关于色彩情感联想机制，有一系列可能的影响因素，包括语言、文化、宗教、气候、人类发展的历史、人类的感知系统等。当今发展越来越迅速的人工智能技术可以通过大数据深入分析颜色偏好的现象。科学家们还发现，各个国家的人对一种颜色的联想和喜好差异与所处的地理位置以及各种语言之间的差异有关。在性别差异上，调研结果发现男性比女性更倾向于偏好蓝色。为什么颜色偏好因性别而异？有一份研究发现，生物化学中视网膜的性别差异以及大脑如何处理颜色信息，会直接影响到男性和女性如何看待颜色。根据这两项研究，女性似乎对粉红色、红色和黄色更敏感。此外，研究还发现男性对蓝绿色光谱中的颜色似乎更敏感。

从林林总总的研究和调研中不难发现人类对颜色的偏好受各种因素的影响，其中，有四个主要理论可解释人们的颜色偏好：生物进化理论、性别图式理论、生态效价理论和联想网络理论。

生物进化理论解释了人类对颜色的偏好是建立在先天生物机制基础上的。颜色的关联可能在人类历史的早期就已经形成了，当时人类把深蓝色和夜晚联系在一起，将明亮的黄色与阳光和兴奋联系在一起。自然界还通过颜色释放生物体的"接近"信号，例如吸引授粉昆虫的花朵的颜色；或是"躲避"信号，例如有毒蟾蜍的颜色阻止捕食者。这些都直接或间接影响着人类对颜色的理解和联想。

基于狩猎—采集心态的进化偏见理论指出，在人类初始，女性是采集者，需要通过在绿叶中识别红色和黄色水果来寻找食物，因此，辨别红色波长的能力决定了未来女性对红色的偏好。这也是为什么雄性更喜欢蓝色，而雌性更喜欢粉红色。

性别图式理论解释说，一旦儿童认识到自己的性别，他们就积极寻求与性别有关的资料，并将这些资料纳入他们正在发展的性别概念。当孩子还小的时候，大人们就已经有意无意地强化了对性别的印象，例如，给男孩穿蓝色的衣服，给女孩穿粉红色的衣服。然后，孩子们将这些颜色融入他们对男性和女性的图式中。

深蓝色和夜晚联系在一起，明亮的黄色与阳光和兴奋联系在一起

对成熟果实的采集导致辨别红色的重要性

因为孩子们觉得颜色有必要符合自己的性别，所以男孩会被蓝色吸引，而女孩则会被粉红色吸引。

在一项研究中，研究人员分析了不同年龄的儿童（从7个月到5岁）随着时间的推移对粉红色的偏好。随着孩子们年龄的增长，女孩对粉红色越来越感兴趣，而男孩对粉红色则越来越疏远。也就是说，随着他们对自己性别的了解越来越多，他们的偏好也随之发生了变化。

之前的理论可以解释一些颜色偏好。但问题是，既然我们都是拥有相同组成成分的生物体，难道我们不应该拥有相同的颜色偏好吗？为什么会出现差异？

生态效价理论解释说，随着时间的推移，我们对颜色的情感体验决定了我们对颜色的偏好。一个人从在特定颜色物体的体验中获得的快乐和积极影响越多，他就越倾向于喜欢这种颜色。在一个颜色偏好实验中，研究者用不同颜色的彩色笔配上愉快或不愉快的音乐。在实验结束时，参与者更有可能选择与愉快的音乐搭配的彩色笔。颜色情感我们前文已经讨论了很多，很多时候，需要明确的是颜色的偏好与颜色情感、颜色联想、颜色语义等都是交织在一起的。

生态效价理论还可以解释性别差异。与其从衣服的角度，不如从玩具的角度来考虑：我们通常会给男孩们蓝色的玩具，给女孩们粉红色的玩具。

从很小的时候起，这些行为就令男孩、女孩分别对这些颜色产生积极的情感。这些积极的情绪反过来又决定了他们对颜色的偏好，由此男孩喜欢蓝色，而女孩喜欢粉红色。

那么，从生态效价理论上看，颜色是如何获得语义的呢？为什么我们会把红色与激情和浪漫联系在一起？或者为什么我们把黑色和哀悼联系在一起？

答案在于联想网络理论。我们的大脑包含一个联想网络，一个相互关联的知识网络。在这个网络中，每个圆形节点代表一个知识单元，无论它是情感（如幸福）、感官体验（如大海的味道）还是语义（如海滩这个词）。根据节点之间的相似程度，节点之间相互连接。更强的相似性会产生更强的联系。

例如，汽车节点可接到许多其他节点：有些连接会很牢固（如轮胎、驾驶、道路），有些连接会很弱（如火车、收音机、金属）。

在人的一生中，不断地发展大脑的联想网络。用每个新体验，创建新节点，形成新连接，或者加强现有连接。

但是与颜色有什么连接关系呢？人的大脑包含每个颜色的节点。每次遇到一种颜色，都要根据自己的经验修改这个节点。

反过来这种新的联想又会影响你的感知和行为。一个早期的经典实验是1939年关于巧克力颜色与味觉的实验。那个时期白色巧克力还不常见，实验者先把大家的眼睛蒙上让他们品尝常见的牛奶巧克力和白巧克力，结果测试者都说味道是一样的。再让测试者们看着品尝，结果大家普遍认为白巧克力"奶味更浓"。结果表明，大部分人对于味道的感知会受到颜色的影响，这也是和日常的生活经验相关。

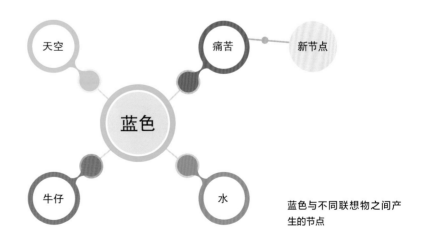

蓝色与不同联想物之间产生的节点

将一种颜色与对应的语义结合，这取决于不同的因素。它们包括经验、文化、叙事背景。

（1）**经验**　人们对颜色有不同的体验。而这些经历可以在一定程度上解释它们赋予颜色的含义，这就是为什么颜色可以根据人的不同而触发不同的含义。例如，丧葬承办人在黑色和哀悼之间建立了更强的联系，慢慢地，黑色就会引发他们形成死亡和悲伤的感觉；医院的化验员在黄色和尿液之间建立了更强的联系，久而久之，他们就会对黄色产生厌恶感。

（2）**文化**　不同的文化也有不同的含义。例如，在西方文化中，大多数人最喜欢的颜色是蓝色。但在东亚，蓝色是一种冷色调，带有邪恶的联想。

（3）**叙事背景**　可帮助人们的大脑确定哪些节点是相关的。例如，黑色的厨房电器似乎不太可能引发与哀悼有关的联想，因为洗碗机不会自然地与葬礼仪式联系到一起。

红色是另一个例子。红色会引发激情和吸引力。这就是为什么当女性浏览约会软件时，如果发现照片上的男性穿着红色衣服，她们的激情和浪漫节点就会被激活，就更觉得这位男性有吸引力。如与红色有关的玫瑰、心形、情人节等，都会进一步放大激活红色。因此女性往往会优先看到穿红衬衫男性的照片。这种增强的处理能力在大脑中产生一种愉悦的感觉。

在讨论了色相对人的情感的影响之后，本书继续讲述色相在明度和饱和度变化中形成的色调，进而讲解颜色对情感的表达。

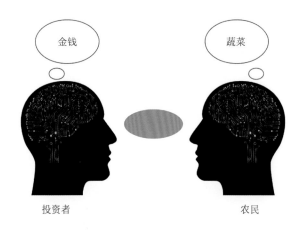

投资者　　　　　　　农民

1

1　投资者和农民因为各自的经验，对绿色有着不同的联想

有性格的空间
色彩情感与室内配色指南

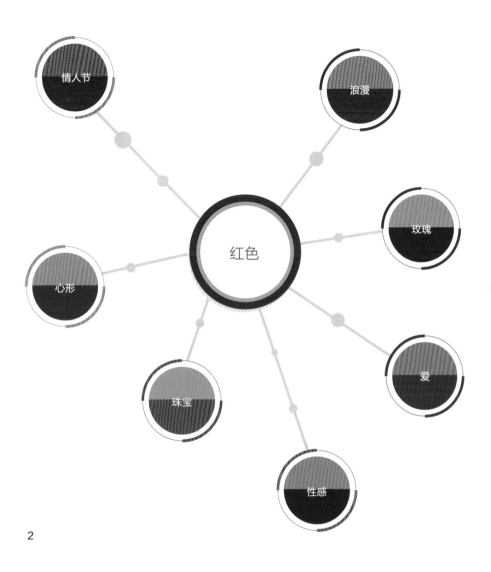

2

2　与红色相关的所有节点
　　被激活从而引起红色的
　　联想

我们如何沟通颜色

......

给颜色起名字

沟通和传递颜色

给颜色起名字

沟通和传递颜色

给颜色起名字

在上面的光谱中有多少种颜色？你能叫出多少种颜色的名字？

| 红色 | 橙色 | 黄色 | 绿色 | 蓝色 | 蓝紫色 |

你一定知道红、橙、黄、绿、蓝、紫、棕、黑、白、灰这些颜色。刚出生的婴儿逐渐学会使用语言对物体、颜色、情感，以及几乎所有有意义的事物进行分类。尽管我们的眼睛可以感知成千上万种颜色，但是我们却没法给所有的颜色命名。

从本书的一开始我们就了解到，古人和今天的我们看到的颜色是一样的，颜色感知是人类共同的经验。但是语言、文明的进程、文化等影响着人类对颜色的理解，包括给看到的颜色起名字。当人们描述感知到的颜色时，通常会使用颜色名称进行描述。这些名字可能是根据众所周知的物体命名的，比如珊瑚、丁香、橄榄和巧克力，也可能是在童年时期就学过的基本名字。最早的洞穴艺术家只有赭石、木炭和动物的血。后来人们从植物、矿物中得到了颜色，我们对于颜色认知和感知不断丰富的根本原因是合成色素的加入，也就是化学的进步。

在与世隔绝的部落里，人们看到的颜色和在巴黎或东京长大的人看到的颜色是一样的。但他们不需要复杂的颜色命名也能泰然自若地生活着。在一些原始部落里关于颜色只有两个词语：黑暗和光明，或者冷和暖。黑色、蓝色和绿色等颜色是"冷"，而白色、红色、橙色和黄色等则被理解为"暖"。2014年人类学家在南美洲坎多什的调研发现那里的人们根本就没有颜色词来描述他们周围的世界，孩子们不知道彩虹的颜色，因为没有描述颜色的词语。在工业化的世界里，语言和文化也变得工业化、复杂化，而颜色也需要新的标签。在我们的一生中，我们感知颜色的方式也会发生变化。我们的大脑随着自身的经历拥有了以不同的方式解释世界的能力，包括我们观察和处理色彩的方式。所以说，颜色名称没有物理意义。颜色的命名是文化性的话题，无论谁在看一种颜色，一个给定的光波具有相同的频率，但是感知颜色的人会根据自己的文化特性对颜色的名称进行定义。

提及对颜色命名的研究，人类学家保罗·凯和布伦特·柏林是具有代表性的人物。在20世纪70年代早期，凯和柏林在世界各地建立网络，收集了110种语言数据，向世界各地的部落居民展示了330种不同的色卡，最后得出结论，即在所有的语言中，对颜色的描述有11个基本颜色术语：黑色、白色、灰色、红色、橙色、黄色、绿色、蓝色、紫色、粉色和棕色。这是色名研究领域一个令人震撼的结论，此结论在《世界色彩调查》一书中进行了阐释。

凯和柏林并不是第一个研究颜色名称的人。古希腊人相信颜色、音符、太阳系中已知的物体和一周七天之间存在联系。希腊哲学家亚里士多德就给七种颜色定义了我们今天常用的名字：黑、白、红、黄、绿、蓝、紫。在17世纪，牛顿有意延续"七"的传统，给了彩虹七种颜色的名字。今天大多数人都很难辨认的靛蓝，很可能是牛顿定的名字，我们现在称之为深蓝色。

另一方面，拉丁色彩术语在自然哲学中有着悠久的历史。英国的查尔顿（Walter Charleton）在1677年列出了数百种来自五个简单和五个混合颜色类别的颜色名称。查尔顿提供了拉丁名称，并将其翻译成英文。随着科学普适文本向英语的过渡，色彩术语的系统化和普及也从英语开始了。

颜色有了名字，是基于沟通的需要。从18世纪中叶开始，科学家都试图将颜色标准化以用于进一步分类。德国矿物学家亚伯拉罕·哥特洛布·沃纳（Abraham Gottlob Werner）就是其中之一。1774年，沃纳认为颜色是矿物的最重要属性，他列出了8种用于识别和描述矿物的主要颜色：白色、灰色、黑色、蓝色、绿色、黄色、红色和棕色。然后，他为每种主要颜色添加了阴影，从而使列表增加至54种颜色。沃纳为每种颜色分配了一个名称，并根据对

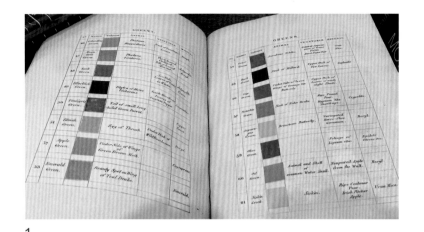

"普通生活中的物质"的明确引用来命名，例如，乳白、苹果绿，或颜料名称山绿色。

1814年，第一版《沃纳色彩命名法》出版，作者是帕特里克·西米（Patrick Syme）。西米设计了一个综合的颜色表，其中包括108个颜色样本，每个样本都带有一个通用的颜色名称，并通过三个自然界的示例进行了解释。通过使用西米的术语，科学家可以选择最合适的颜色术语以标准化的方式描述自然世界。他还明确指出，如果每种标准颜色都借助"浅""深""暗"或"亮"等形容词进行命名，则颜色的数量可以达到三万以上。西米将此命名法细分为10种主要颜色：白色、灰色、黑色、蓝色、紫色、绿色、黄色、橙色、红色和棕色。每个组列出了7到17种标准颜色。

通过使用准确且标准的颜色表，气象学家和水文学家得以用以往更加令人满意的方式描述不同国家的天空和流星以及各种颜色在海洋、湖泊和河流等水域中的应用。

达尔文也使用西米的色彩命名法对各种标本进行标定。

PURPLES.

No.	Names.	Colours.	ANIMAL.	VEGETABLE.	MINERAL.
34	Bluish Lilac Purple.		Male of the Lebellula Depressa.	Blue Lilac.	Lepidolite.
35	Bluish Purple.		Papilio Argeolus. Azure Blue Butterfly.	Parts of White and Purple Crocus.	
36	Violet Purple.			Purple Aster.	Amethyst.
37	Pansy Purple.		Chrysomela Goettingensis.	Sweet-scented Violet.	Derbyshire Spar.
38	Campanula Purple.			Canterbury Bell; Campanula, Persicifolia.	Fluor Spar.
39	Imperial Purple.			Deep Parts of Flower of Saffron Crocus.	Fluor Spar.
40	Auricula Purple.		Egg of largest Blue-bottle, or Flesh-Fly.	Largest Purple Auricula.	Fluor Spar.
41	Plum Purple.			Plum.	Fluor Spar.
42	Red Lilac Purple.		Light Spots of the upper Wings of Peacock Butterfly.	Red Lilac. Pale Purple Primrose.	Lepidolite.
43	Lavender Purple.		Light Parts of Spots on the under Wings of Peacock Butterfly.	Dried Lavender Flowers.	Porcelain Jasper.
44	Pale Blackish Purple.				Porcelain Jasper.

1 沃纳的颜色名称清单，用于矿物描述和鉴定
2 紫色西米图表

中国的传统色彩是按"阴阳五行"说体系而命名的。五行"金、木、水、火、土"对应五色"白、青、黑、赤、黄"五个正色。正色相混有"青黄之间谓绿，赤白之间谓红，青白之间谓碧，赤黑之间谓紫，黄黑之间谓骊（流）黄"五个间色。

我国最晚在周朝已将色彩赋予代表意义，用来分别色级，并基于实际需要，造出大量的色名。在表示色彩明度的色名方面也有大量字词，例如，表示清晨日出时太阳明度的字，由低到高就有暗、昧、昕、晨、曈、晞、阳、旭、曙、晓、明等。数千年来，历代涌现的常用色名，汇成了丰富的中国传统色谱。例如，金青、玄青、虾青、潮蓝、翠蓝、脂红、不老红、赭黄、栀黄、古铜、生皂、青灰、葱白、鸭绿、紫檀、荆褐等。

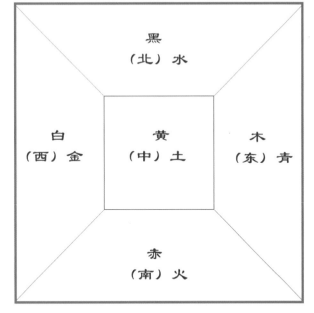

沟通和传递颜色

颜色有了名字，其目的之一是为了它们能够被正确地沟通和传递。西方的颜色工作者们早就意识到将颜色标准化，并将其用作工作、生活、商业参考的重要性。因为每个人都有自己的一类描述颜色的方式，如此主观的方式，必然带来沟通的不便。在这个进程中，颜色的标准体系，就起到了重要的作用。

1. 孟塞尔颜色体系

1898年，美国画家孟塞尔创造的色彩体系至今仍然是国际公认的标准，为许多现代色彩体系提供了理论基础。

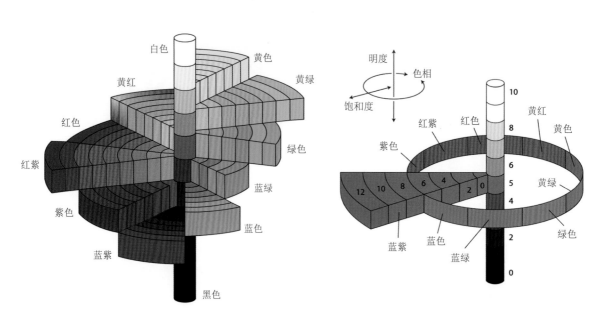

1

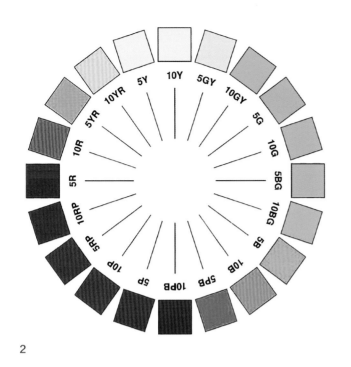

2

孟塞尔色彩体系中，每种颜色都可以用色相、明度、饱和度来描述，即每种颜色的标注方式都是用数字来表示颜色的三个属性的，这样就很容易根据规律判断出是哪一个具体的颜色。孟塞尔色彩体系强调视觉的等感觉差，不仅适用于色彩标定和管理，同时也作为一种标准与工具去界定色彩关系，评价配色效果，记录色彩形态。

在孟塞尔颜色体系中，颜色名称不是按"深红色"或"冷绿色"这样的颜色名称命名，而是按顺序描述其色相、明度和饱和度。以"10R 7/6"颜色为示例，该颜色是浅橙色，具有浅色和中等色度。

"10R"是色相，表示红色偏向橙色而不是紫色。7是明度的值，比中间的灰色高两级；6是饱和度，比较强。

根据孟塞尔系统，美国色彩研究学会（Inter Society Colour Council, ISCC）提出了一套色名分类方法ISCC-NBS（Inter-Society Color Council-National Bereau of Standand），由美国国家标准局（National Bereau of Standand, NBS）整理而成。

色相　　　　明度　　　饱和度

3

4

1　孟塞尔色彩树和颜色空间
2　孟塞尔颜色体系中的基本色是能够形成视觉上的等间隔的，有红（R）、黄（Y）、绿（G）、蓝（B）、紫（P）五种颜色，再在他们中间插入黄红（YR）、黄绿（GY）、蓝绿（BG）、蓝紫（PB）、红紫（RP）五种颜色，组成十种颜色的基本色相
3　孟塞尔颜色体系中对一种颜色按照色相、明度、饱和度的数值标定
4　"10R 7/6"数值对应的颜色

2. 奥斯特瓦尔德颜色体系

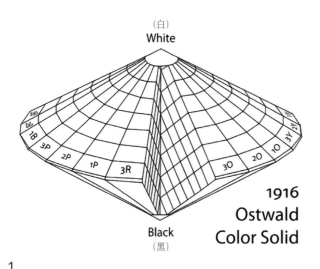

（白）
White

1916
Ostwald
Color Solid

Black
（黑）

1

和孟塞尔颜色体系注重人对色彩的思维逻辑是视觉特征不同，德国化学家奥斯特瓦尔德，依据德国生理学家赫灵的四色学说，以色相、明度、纯度为三属性，建构了以配色为目的的色彩系统。

红、黄、绿、蓝为四个主色，黄与蓝、红与绿为两对视觉互补色。增加四个间色，扩展为黄、橙、红、紫、蓝、蓝绿、绿、黄绿8种基本色，每一基本色再分3个色阶，这样就组成了24色的色相环。

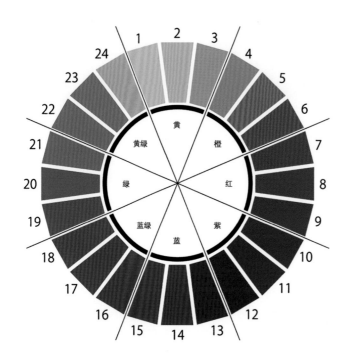

2

1　奥斯特瓦尔德色立体
2　奥斯特瓦尔德色立体的
　　色相

有性格的空间
色彩情感与室内配色指南

3. PCCS 色彩体系

日本色彩研究所于1964年推出的表色体系（PCCS，Practical Color Co-ordinate System），引入了"色调"的概念，用来表达明度与饱和度无法清楚表示的色彩直观印象，展示了每一个色相的明度和饱和度的关系。PCCS24色色相环同样注重视觉上的等距离差。

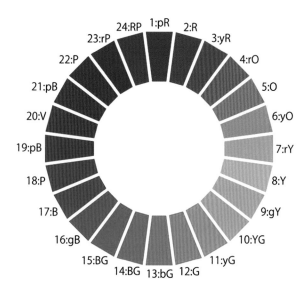

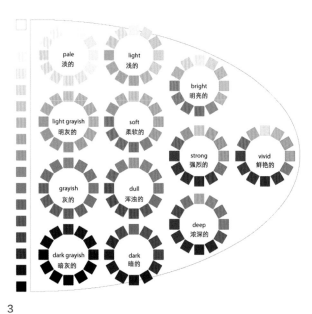

3

我们如何沟通颜色

4. NCS 自然色彩系统

自然色彩系统（NCS，Natural Color System）是1964年由瑞典色彩中心基金会研发的，同样是基于赫灵提出的颜色感知学说。黑、白、红、绿、黄、蓝色是NCS的6个基本色。

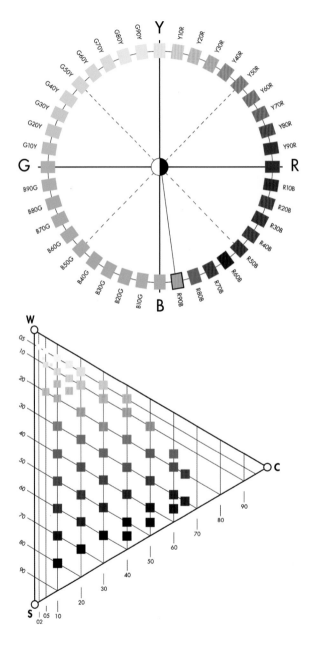

1

有性格的空间
色彩情感与室内配色指南

5. RAL 劳尔色彩系统

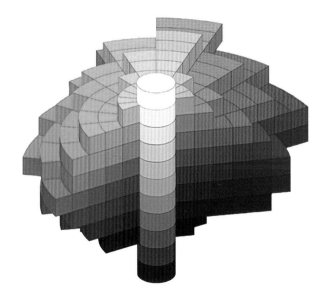

RAL 劳尔色彩标准是1927年由德国RAL公司研发并逐渐完善的，一直以来是欧洲建筑、室内、工业领域的标准。RAL色相环有36个基础色，按照等距离排布，每个颜色按照色相、明度、饱和度标注数字，非常方便查找和对照。

2　RAL 劳尔色彩体系

6. 中国应用色彩体系

中国纺织信息中心联合国内外色彩专家和时尚机构，在中国人的视觉实验数据基础上，经过近20年潜心研发建立了中国应用色彩体系。

中国应用色彩体系的基本原理基于许多色彩方法论，构建了一个科学调和的、均匀完整的、可技术复现的色彩设计系统。

基于色相、明度、饱和度三个属性，中国应用色彩体系定义了一个涵盖160万个颜色数据的色彩空间，并且以人眼看颜色的方式命名每个颜色，每种颜色都有相应的7位数字编码，分别代表色相、明度与饱和度。该体系由圆周维度160阶色相、纵轴100级明度阶、横轴100级彩度阶构成。

另外，还有一些颜色沟通的工具例如潘通（Pantone）、室内涂料领域各品牌研发的色卡等，都是为了方便有效地进行颜色沟通而诞生的工具。

所以，使用标准颜色系统用于颜色沟通和传递具有一定的优势，可以简单、准确地指定颜色，便于直观地理解色相、明度和饱和度，提高人们对色彩的理解力。

然而实物色卡所能够呈现的颜色毕竟受到化学工业的限制，而色卡也会因为温度、湿度和使用时间的变化而产生颜色变化，因此，颜色的数字化，即利用颜色的反射率值代表一种颜色，成为最准确的表达方式。

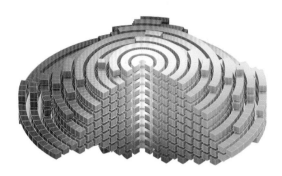

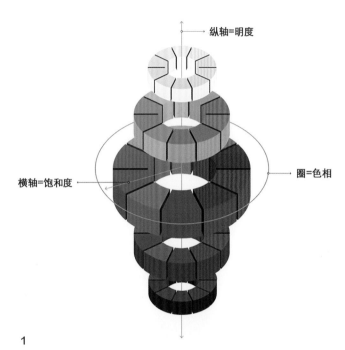

縦轴=明度

圈=色相

横轴=饱和度

1

显示器校正器

校正的显示器

灯箱

分光光度计

数码相机

校正的显示器

校正的打印机

Digieye 撷取箱

2

有性格的空间
色彩情感与室内配色指南

7. CIELAB 颜色标准体系

颜色标准体系在1931年被国际照明委员会CIE推荐使用，多年来一直在改进。CIE L*a*b*（CIELAB）是国际照明委员会在1976年提出的均匀色空间。它可以描述人眼可见的所有颜色，是一个与设备无关的颜色空间并被广泛接受和使用。CIELAB颜色空间的三个基本坐标分别代表颜色的明度，有红绿色坐标和黄蓝色坐标。

准确描述颜色的科学方法是使用分光光度计也就是光谱仪等仪器。这些颜色测量仪器可以量化物体的颜色，并且不受人眼主观性的影响，与视觉评估相比，仪器颜色评估更加客观和稳定。

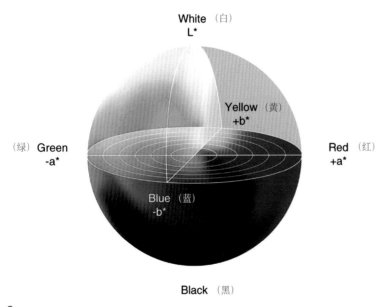

3 CIELAB 颜色空间

室内空间中的颜色应用

......

创建你的空间调色盘

探究了千年的色彩和谐

空间中颜色的功能性

创建你的空间调色盘

　　色彩在空间中的作用，从基本的色彩功能性，到颜色和色调组合带来的审美情趣和美感，再到终极的颜色传递的情感表达，都是结合了光源、空间中的材质等元素的色彩，以满足人们对空间色彩的所有需求。

　　如同色彩是所有产品在外观上首先吸引人的要素一样，一个空间的色彩，也是首先从感官上给人印象，从而影响人产生不同的情感。室内空间的色彩运用是将抽象的色彩配色方案、理论和意义转化到真实的材料表面上呈现，供人体验和使用，是一项综合了知识、常识、审美情趣和技术手段的工作，需要创造力、判断力和经验的共同支撑。就像一个人不可能在没有施工图和规划的情况下就开始建造一座建筑一样，我们也不应该在没有规划的情况下就开始在室内空间中使用色彩。

　　前文所讲的色彩理论、色彩情感表达等基础知识可以支持我们在实践中使用色彩并增强有理有据的信心。理解了色彩对人们生理、心理的影响，色彩在不同文化语境下的呈现，色彩的各种象征意义，也同样为色彩在室内空间中如何发挥重要作用搭建了坚实的基础。这就是设计的原则——做有依据的设计。这里的"依据"，就是坚实的理论基础以及对使用者的探究调研结果。

　　在室内空间使用颜色时，需要记住三个关键问题：

用什么？（What）——选择颜色的目的、用途是什么？

　　一个空间的颜色可以高度个性化，但首先取决于这个空间的性质，以及空间使用者的品位和选择。例如，医疗机构的空间需要明度很高的颜色来体现清洁和平静，在候诊区可以使用暖色调的颜色增加温馨感，减少焦虑，还需要用高饱和的颜色进行区域的指示；快餐行业可以选择明亮的橙色来增进食欲，甚至加快进食。对于私人空间，色彩则是融合了用户的喜好、预期的氛围，以及功能需求，从而营造一个有个性但温暖、放松、舒适有归属感的空间。

有性格的空间
色彩情感与室内配色指南

什么人用？（Who）——空间的最终用户是谁？

空间的使用者，也是这个空间色调的感受者，我们需要充分了解他们的情况，如年龄段，是儿童、青年或老年人？是否有特殊需求，需要特殊的设计？婴儿的视觉是一步步发展成熟的，他们的色彩知觉亦是如此。婴儿刚出生时只能从明暗上分辨眼前的世界，随着年龄的增长，能逐渐看清事物的轮廓，三四个月以后，对红色最为敏感。一岁左右婴儿对色彩的自然感知能力基本发育完全。而对于老年人来说，由于视觉分辨率降低，所有的颜色都会变暗。有研究表明，老年人对于蓝色和紫色这两个短波长颜色的感知能力是降低的。因此，针对老年人的空间则需要减少材质的反光，同时增强色调的饱和度以达到警示以及提高愉悦度的作用。

用在哪里？（Where）——这个空间在哪里？

不同的地理位置，特定的文化和社会环境等，都会给空间色彩的设计方案带来不同的影响。地理位置决定了这个空间是在炎热和明亮的气候下，抑或在寒冷和沉闷的环境中，而文化的特质和社会环境也决定了空间用色的特点甚至禁忌。

接下来的工作，就是如何制定色彩方案。首先，需要考虑以下几个方面。

（1）**空间的尺寸和结构**　空间的尺寸和结构决定了基础色调，颜色的使用面积以及搭配在一起的比例关系，也与空间的现状相辅相成。另外，空间使用者的动线，以及空间结构的一些特殊形式，也关系到用色的节奏感，有些特殊形式例如非常狭长的空间尽头，可以用饱和度高的颜色从视觉和心理上起到平衡的作用。

（2）**情感和风格**　在设计工作中，首要的也是最重要的工作，就是产品的定位。对于空间设计工作也是一样，除了要了解用途、用户定位、空间位置之外，需要明确的是空间需要表达出来的情感，以及与情感相辅相成的风格。有了这样的诉求和定位方向，才能由此展开设计，用对应的色调、结合色调的材料以及不同的工艺手法、肌理这些细节，通盘在整个空间中运用。诚如在开篇中提到的，将空间设计看作是放大的画布，考虑节奏、层次、虚实等关系，用色彩的调性去实现这些审美特质。

（3）**生活方式**　空间使用者的生活方式决定了颜色的选择，生活方式之于空间，就如同性格之于人，积极的生活方式与追求安静的生活方式，所采用的色调也有所区别。同时，空间使用成员的年龄、性别、爱好，他们的吃、穿、行、闲，所有加在一起的生活主张，决定了这个空间的色彩面貌。

（4）空间的功能性　如果空间是一个家，那么你就要顾及会在卧室里学习、社交和睡觉的青少年，而大多数成年人的卧室只是休息和放松的地方。那么相对冷的色调和弱对比的颜色组合既有利于良好的睡眠，也能带来个性化，而暖色调的卧室更让人放松。对于老年公寓，增加颜色的功能性，胜过强调室内色彩的和谐感。

如果是酒店、餐厅、办公环境、学习场所、健身场所等空间，又需根据各种复杂的功能诉求选择颜色、材料和肌理。

（5）空间内的元素　另一种选择颜色和色调的方法是根据空间中各元素的使用情况，包括家具、窗帘、沙发、床品、地毯、装饰品、挂画等。一个空间的色彩规划是围绕所有的空间元素来创建配色方案。选择一种颜色成为基色或主色之后，利用对颜色和谐度、色调、材料与颜色的关系等知识，来选择与之相配的颜色。

（6）照明　空间中的照明是非常重要的元素，道理很简单，光色能改变室内所有物品的颜色呈现，也就是说，利用加法混色原理能让物品的颜色变幻多端。没有光就没有色，我们会在后面详细展开关于空间中照明的使用手法。

（7）空间的朝向　在选择基色和制定颜色设计方案前，必须考虑到房间的朝向，这也是照明元素的一个体现，即自然光元素。例如在进行卧室色调的设计时，如果房间是北向的，自然光中的冷色光谱会带来偏冷的感受，为了让房间看起来更暖，选择一种暖色的和谐色调。而南向的阳光能让空间显得明亮和温暖，这时，冷色成了首选。当然，这还需要考虑到空间所在的地理位置、空间使用者的诉求等多方面的因素。除了空间的朝向，还需要考虑空间在获得自然光时候的直接性和间接性，例如南向房间的窗户前面有门廊，房间的阳光不会很充足。透过窗外树木的光线也会改变进入室内的阳光质量。这些都会影响空间内的色调呈现。因此，最好的检验方法就是分别在白天和晚上的不同时间在实际房间中查看颜色样本。

综合这些设计中需要考虑的因素，如何为室内空间开发合适的配色方案，就进入实质性阶段。通过综合考虑生活方式、用户的期待和诉求、空间的功能性和地理位置，确定空间想要表达出来的情感和相应的风格，由此创建初步的调色盘；再依据照明光源、空间元素的材质、肌理和图案，进一步明确颜色设计方案；而这个颜色设计方案的实现，又涉及颜色情感、颜色和谐，以及颜色视错觉、颜色准确再现的载体。具体设计步骤概括如下。

有性格的空间
色彩情感与室内配色指南

第一步：创建颜色搭配初步方案。在电脑制图之后，还需要借助标准色卡或者涂料色卡进行搭配，毕竟自发光屏幕上的颜色与实际物料上的颜色差别很大。

第二步：创建材料看板。基于颜色搭配形成初步方案，考虑具体的元素用何样的材质以及会产生什么样的肌理、图案等来实现颜色搭配方案。可以采用各种供应商提供的色卡、饰面、贴面等样品来创建材料图板，尽量采用与颜色方案一致的样品，同时必须要考虑照明条件下这些样品颜色会产生什么样的改变。

第三步：色彩布局和空间设计。确定好颜色搭配初步方案、内部空间的元素、材料搭配看板之后，下一步是将材料看板转换为空间布局或模型。可以从占据较大空间的区域开始，如地板、天花板、墙壁，或者从聚焦的关键元素开始，例如一幅绘画，这些将在配色方案中扮演关键的色彩角色。

第四步：实际测试。由于空间尺度的关系，所有的色样在实际使用中一定会产生或多或少的色貌偏差，从光的物理学角度理解，那是因为受光的表面积增加以后，会对光源的折射、衍射、漫反射等产生更大的影响。例如光滑的涂料墙面，其饱和度就比小色样要高，因此进行一些小区域的实际测试是非常有用的。随着对材料知识的积累，也可以增加材料结合颜色的效果预设。同时，记得一定要进行反复的照明光源测试，以得到不同光源条件下各种材质的呈现效果。

可以说，在一个室内空间中，颜色无处不在，它们附着在各种材质上，在光的作用下呈现出各种不同的色貌；它们相互作用，相互影响，在充分实现功能性的前提下，更是表现美感、传递空间情感的元素。表现美感就是色彩组合在一起的审美性、和谐性，下面让我们先了解一下色彩和谐。

探究了千年的色彩和谐

顾名思义，颜色的和谐一定是两个或者多个颜色组合的效果。

和谐这个词来源于一个拼在一起的希腊词语"harmonia"。毕达哥拉斯是最早研究和谐理论的人，他以一种数学理论解释和谐，后来被扩展到包括与音乐音阶相对应的形式和颜色。Harmonia 是美之神阿芙洛狄忒的女儿之一，这也表明和谐属于美学的范畴。

美国物理学家迪恩（Deane Judd，1900—1972年）认为，色彩和谐是指两种或两种以上的色彩组合在一起，产生令人愉悦的效果。然而，色彩和谐是一个数百年来一直备受关注的问题。文艺复兴以来的色彩和谐理论包括以下几个共同的主题：着重关注同一色相、相邻色相、互补色相中饱和度和明度的改变以及它们之间的关系，就可以达到色彩和谐。

纵观所有艺术表达的审美原则，"统一"和"对比"，是两个永恒不变的主题和基础。对于颜色组合在一起的和谐性，也是遵循了"统一"和"对比"两个原则。

在20世纪早期，对色彩和谐做出重要贡献的三个人是奥斯特瓦尔德、孟塞尔和伊顿。其中，奥斯特瓦尔德和孟塞尔的共同点就是使用色立体或颜色体系来表示颜色之间的关系，寻求一种因为有序变化而带来的和谐，因此他们也是色彩搭配和谐"统一"原则的代表。

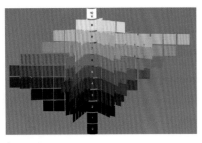

1　孟塞尔、奥斯特瓦尔德是"统一"原则色彩和谐理论的代表

1

有性格的空间
色彩情感与室内配色指南

1. 统一原则

发表于1905年的孟塞尔色立体，以明度、饱和度和色相感知为基础。孟塞尔把颜色样本排列成色彩树，树干代表从黑色到灰色再到白色的无彩色，每根树枝代表一种色相。离主干越远，其饱和度越高。

孟塞尔色彩系统的基础色相是：红、黄、绿、蓝和紫色。孟塞尔推测，如果一幅图像给人的整体印象是以灰色（中性灰色）为中心那么它看上去就会很和谐。为了确保这一点，他将颜色区域的颜色强度用其面积、明度和饱和度的乘积表示。因此，一个小面积高色彩强度的色彩与大面积低色彩强度的色彩相平衡。在色彩平衡中，较强的色彩应该占据较小的面积来平衡较弱的色彩。面积应该与孟塞尔明度值V和孟塞尔饱和度C的乘积成反比。

以下是计算公式，其中 A 表示面积：

$$\frac{A_1}{A_2} = \frac{V_2 C_2}{V_1 C_1}$$

孟塞尔色彩和谐的实用原则是建立在这样一个理念之上的：只有当色彩位于孟塞尔色彩空间中的特定位置，它们才能和谐。这些组合方式包括：

可以说，孟塞尔的贡献在于他把色彩的三个属性都按视觉间距排列到了色彩系统中，而西方文化中对于和谐的定义之一就是规律性。

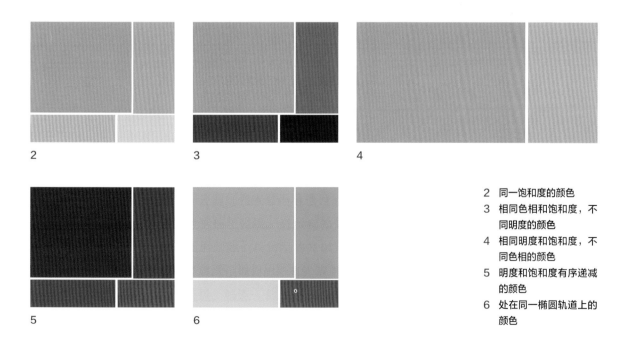

2

3

4

5

6

2　同一饱和度的颜色
3　相同色相和饱和度，不同明度的颜色
4　相同明度和饱和度，不同色相的颜色
5　明度和饱和度有序递减的颜色
6　处在同一椭圆轨道上的颜色

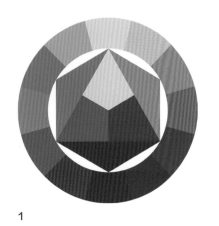

1

2. 对比原则

在艺术审美中，对比则是体现层次感、活跃感和生动感的原则。由此，包豪斯学校最早的色彩构成大师之一伊顿在进一步发展了歌德关于颜色对比的观点之后，于1916年在一篇文章中写道："所有的感知都是在对比中发生的，没有任何东西可以独立于其他不同的东西而存在。"伊顿提出所有的视觉感知都是7种特定色彩对比的结果，这也是色彩和谐的基础。

为了便于艺术家使用颜色，伊顿制作了12色的色相环，以红色、黄色和蓝色作为基础来阐述他的观点。他认为颜色审美理论的基础就是色相环，因为色相环决定了颜色的分类。

（1）**色相对比**　是以色相环为依据，寻找色相环上有规律的颜色组合。其中包括对比色、互补色、类似色、分离补色等颜色在色相环上的组合。

（2）**明度对比**　是指颜色明暗的对比。两个相同色值的颜色块，在明度不同的背景下，呈现出被"改变"了的面貌。

2

3

1 伊顿12色的色相环，以三原色、二次色、三次色示意
2 在浅色背景上的同一个浅色总是比在深色背景上显得更暗。相反，较深的颜色在较深的背景上比相同的颜色在较浅的背景上显得更浅
3 相同的浅色色条在高明度背景下显得暗沉。如果是相同的深色色条，在较深的背景下反而显得更浅

有性格的空间
色彩情感与室内配色指南

（3）**饱和度对比** 是指颜色鲜艳程度的对比。两个相同色值的色块，在饱和度不同的背景下，受到影响而呈现出不同的色貌。

（4）**面积对比** 这是关于比例的，通过控制一种颜色相对于另一种颜色的比例而产生的对比。面积对比影响颜色的明度和饱和度。

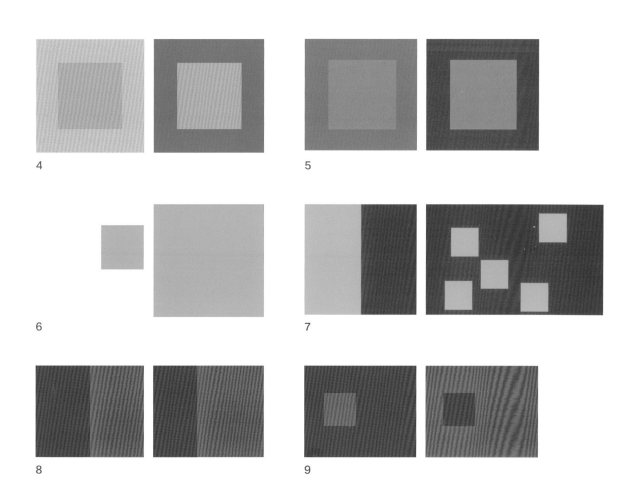

4

5

6

7

8

9

4　在饱和的背景色下，蓝色块比它在不饱和的灰色背景下显得更明亮

5　在饱和的红色背景与饱和度最低的灰色背景下，如果背景色块变成了无彩色，那么它就会受到背景色的影响，左图中的灰色块略带红色，而右图中的灰色块则更深

6　两个绿色块，面积大的绿色比面积小的绿色饱和度看起来更高

7　一个颜色的使用比例也会影响平衡感。在红色/绿色组合中，由于两个色块面积相同，显得处于平衡状态；而当绿色块的面积变小，则变得更加突出

8　颜色面积对比也会因为不同的色相而改变规律。从左边的组合中可以看出，当橙色和蓝色的比例相等时，蓝色似乎是更主要的颜色。如果比例变成了蓝色1/3和橙色2/3，让橙色有更多的机会发挥自己的力量，则画面看起来更平衡。这是因为同样的明度下，蓝色比橙色显得更深、更重

9　如果把其中一个颜色的面积变小，则它的强调效果就体现出来了

1

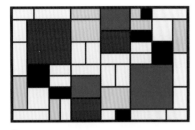
2

3

（5）**冷／暖对比**　这种对比是使用暖色和冷色时产生的对比。从心理学的观点来看，暖色和冷色与每个人的心理感知有关。暖色让人联想到兴奋、能量和热量；冷色与放松、平静和低温有关。从生理学角度来看，当我们在比较两个相同明度或强度的冷色和暖色时，暖色比冷色显得更淡或更亮，也就是明度更高。同时，暖色具有前进感，冷色反之，使人心理上产生后退感。

这种色彩的空间效应，即颜色的前进感或后退感，与我们对颜色的感知有关，也与我们如何将它们与大气透视联系起来有关。蒙德里安的作品就是一个很好的例子。画面中的暖色与冷色形成了丰富的视觉上的层次。

另外，冷暖色的饱和度变化，也会对这种对比的强度产生影响。

这种微调的现象也出现在另一幅蒙德里安的画中。在1919年的作品《组成棋盘深色》这个画面中，蒙德里安故意颠倒了这种效果，将红色的饱和度降低，因此冷色调的蓝色产生了视觉上的前进感。蒙德里安的许多作品都是基于对人类视觉感知和色彩理论的科学调查而进行的色彩实验。这也是他利用视觉特征和感知特性，用色块创造出来的新的感知世界的方式。

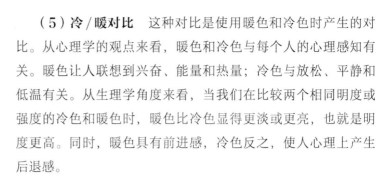

4

1　蓝色背景上的红色比红色背景上的蓝色更有前进感
2　蒙德里安的绘画作品
3　左图背景上的两个彩色块都是高饱和度的，冷色有后退感，暖色有前进感。右图中，降低了黄色的饱和度，如果你仔细看会发现，冷色有前进感，暖色有后退感
4　蒙德里安1919年的作品《组成棋盘深色》

有性格的空间
色彩情感与室内配色指南

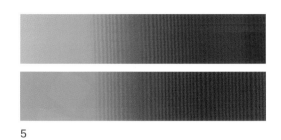

5

（6）**互补色对比** 如前所述，互补色对比就是色相环中处于相对位置的两个颜色组合在一起所产生的对比。同时，互补色总会表现出冷暖对比。互补色混合，会逐渐降低两个颜色的饱和度，直到最后产生中性灰色。

历史上许多画家都使用互补的配色方案。梵高在他的许多作品中大量使用互补色的手法。

（7）**同时对比** 是对视觉现象的整体解释，指的是我们如何感知两个相邻颜色或相邻颜色对彼此的影响。因为颜色不是孤立存在的，它们不仅受周围环境色彩的影响，也会影响周围的颜色。同时对比也可以看作是一种颜色在色相、明度和饱和度上对相邻的颜色产生相反的效果，并相互影响的趋势。值得注意的是，同时对比也会反映在颜色的明度和饱和度方面。例如，白色放在黑色旁边会显得更白，黑色放在白色旁边会显得更黑。

以下是一些同时对比的现象。

当两种互补的颜色放置到一起时，同时对比会更加强烈，所以，互补色（色相环上对立的颜色）放在一起时，两个颜色都会显得更加明亮和强烈。例如，绿色在红色旁边显得更绿，红色在绿色旁边显得更红；蓝色和橙色相邻，橙色和蓝色都会显得更强烈。

6

7

5 渐变过渡的互补色
6 两种互补的颜色放置到一起
7 两个颜色之间的距离也会影响颜色的同时对比。相邻的颜色越靠近，同时对比的效果就越强

1. 如果两个颜色并置在一起对比的效果非常强烈时，加入中性色，就能缓冲两种颜色的对比。图中的灰色条就减缓了蓝色和橙色的对比

2. 饱和度是影响同时对比的一大因素。当相邻的两个颜色饱和度高时，同时对比增强；如果它们的饱和度较低，那么同时对比就会比较弱

3. 一种饱和的颜色在一种不饱和的颜色旁边，就会看起来更加饱和；不太饱和的颜色在高度饱和的颜色旁边，看起来就更不饱和了。图中的红色即是如此

4. 颜色会影响相邻颜色的色相，使相邻颜色具有与自己互补的色相，图中的绿色就有这样的效应

5. 一种颜色在黑色背景下会显得更加强烈和明亮。在白色背景下显得不那么强烈和暗淡

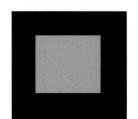

因此，对于颜色的应用，必须要熟谙色相、明度、饱和度这三个颜色的属性，同样重要的还有色相环中颜色的有序排列。这是一个设计师以及一个想要运用好色彩的人最基本的功底，熟悉了这些颜色的特性你就会发现，你能够掌控的颜色搭配实在是太多了。

始终要记得的是，我们从来无法只看到一种颜色，颜色和颜色之间的互动关系，是形成各种迷人效果的原因。从各种颜色的对比中你也可以看到，颜色会呈现出不同的面貌，这既是大家认为颜色难以把握的原因，更是颜色可以通过千万种组合而创造出种种效果的神奇所在。因此，颜色组合的和谐规律是基础，将颜色的魅力发挥到极致的，是设计师综合了各种审美经验的能力。

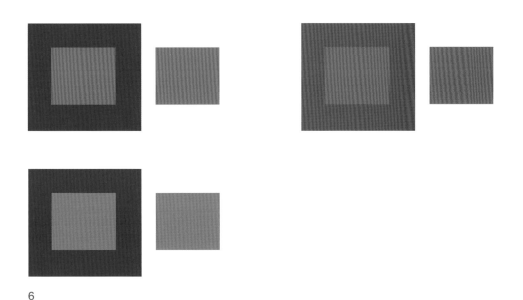

6

6 要使浅色看起来更浅，可以在它旁边放一种深色；为了让暖色看起来更温暖，可以把它放在冷色的旁边；为了让颜色看起来更饱和，可把它放在一个饱和度低的颜色旁边

空间中颜色的功能性

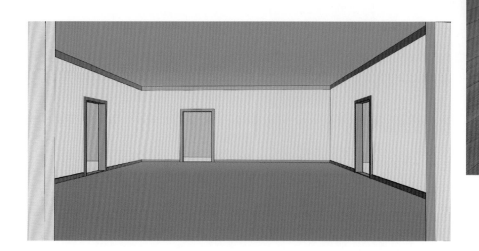

颜色从被人类认识和描述的那天起，就承载了沟通和表达的意义。可以说，颜色是一种没有界限的通用语言，在空间设计中，就可以借助颜色起到警示、标示和引导的作用。在商用空间和特殊空间，例如医院环境中，颜色起到重要的引导作用。另外，借由颜色给人的感知作用，在空间中，色彩可以起到改变重心、扩大或缩小空间尺寸的作用，前进和后退感能让不同大小的空间从视觉和心理上有所变化。

1. 面积感知

首先，颜色可以改变空间的面积感，浅色的天花板加浅色涂料，小花型图案壁纸的墙面加深色的地板，从视觉上都可让空间显得更大。

整个空间只有地板是呈现较深色调，从视觉上令空间显得
更开阔（图片提供：德尔地板）

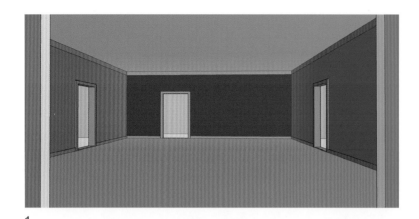

1

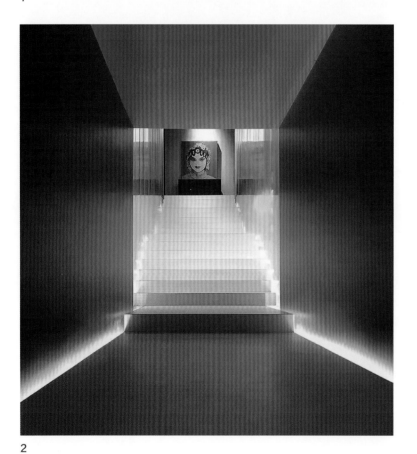

2

有性格的空间
色彩情感与室内配色指南

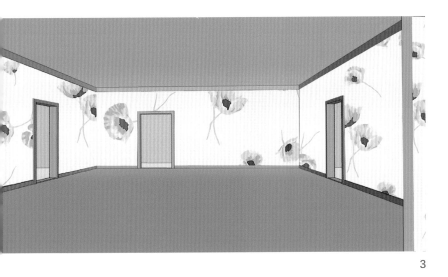

1 两侧的墙面变成高饱和度的色彩时，令空间变得更紧凑

2 两侧墙面的颜色明度低，会吸收大部分自然光，给人一种封闭的感觉（图片提供：美国邓恩涂料）

3 壁纸图案换成了大花型的时候，由于图案的突出而使得空间变小

4 用浅色和冷色调的天花板让空间显得高（图片提供：美国邓恩涂料）

3

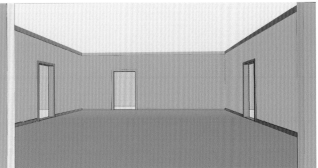

4

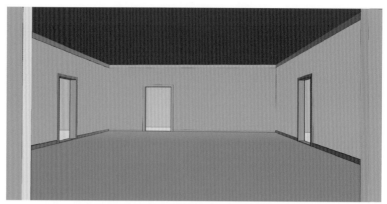

1

2

1 用深色和暖色调的天花板则显得空间下沉

2 很多公共空间使用深色天花板

3 后墙和天花板用同样深的颜色，让侧壁显得更浅，会让空间显得更宽敞。这是一种广泛用于走廊或
   狭窄房间的手法

4 侧壁、天花板用白色，后墙、地板用深色以扩展空间（图片提供：德尔地板）

5 让侧壁呈深色，天花板和地面呈浅色，会使空间变得更窄，让空间的比例关系更加微妙

6 平衡了视觉感的深色侧壁与浅色天花板、地面（图片提供：德国唯宝）

有性格的空间
色彩情感与室内配色指南

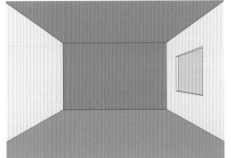

3

4

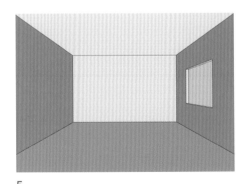

5

6

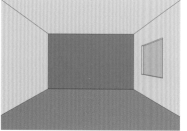

1

2

3

4

有性格的空间
色彩情感与室内配色指南

1　如果在比较大的空间中希望营造亲密的氛围，可以在后墙上用深色调，与其他墙面形成对比
2　即便所有立面均为瓷砖，也可以用这种方式营造层次（图片提供蒙娜丽莎瓷砖）
3　要呈现纵深感，可以将后墙设计为较浅的颜色，而其他地方则使用较深的颜色
4　呈现纵深感的空间（图片提供：伊蔚娜）
5　如果想让墙壁更短，可以用分层的手法，让底端的墙面呈深色调
6　Torta da Vila 餐厅分层的墙面

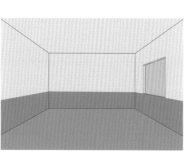

5

6

2. 重量感知

颜色的饱和度影响人们对物体大小和重量的感知，例如下图中，饱和度高的红色在一群低饱和度的色块中显得重而大，也更加夺人眼目。这些搭配方法适用于空间中家具色彩的设计。

另外，在空间中巧妙地将饱和度高的装饰品进行搭配设计，既不会打乱整体空间色调，也能令空间灵动。

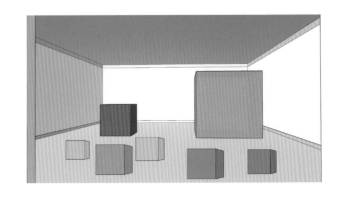

3. 温度、时间感知

如同冷色和暖色给人的心理感觉不同，在冷色调的房间里常常令人感到要比在暖色调的房间里更加凉爽。另外，有研究表明，相较于"黯""烟""幽"等色调，在明度和饱和度都提高了的"亮""艳"色调的房间里，会让人感觉时间过得更快，因此，快餐店的环境色调常常采用亮橙色等以增进食欲，契合商业氛围。

4. 区域分隔

颜色在空间中的功能性，首先就是我们都熟悉的标示作用，公共空间中常用颜色来指示不同区域，因为颜色是一种人类共通的语言。在较大的空间中，颜色也可以作为区域分隔的手法。

1

有性格的空间
色彩情感与室内配色指南

2

塑造空间的颜色美感

色彩是空间设计中呈现美感和传递情感的一个极好的工具。在空间中，颜色应用的主要位置，分别是占比最大的墙面、地面和天花板，其次是家具和软装，最后是起到点缀作用的室内装饰品。这些颜色之间，需要形成统一和具有层次感的视觉效果，以获得色彩和谐的效果。因此，在探讨"空间色彩搭配"的议题时，一定要记住，我们是在谈空间中各个元素之间的色彩关系，如同绘画需要经营画面一样，空间这个立体的画布，也需要各种元素之间互相协调、互相呼应，有主次关系，有层次感。

综合历史上的理论和在实践中总结出来的色彩和谐原理，空间中色彩搭配的和谐感也遵循"统一""对比"两种原则。

......

统一原则在空间设计中的运用

对比原则在空间设计中的运用

统一原则在空间设计中的运用

　　顾名思义，统一的效果是各种色彩元素的组合在视觉上形成有规律的节奏。这也跟孟塞尔、奥斯特瓦尔德、NCS 自然色系统、RAL 劳尔色系统等以色立体和颜色标准体系为依据的颜色搭配理论相符。具体来说是色相、明度、饱和度的有序变化。有序，意味着颜色的组合符合人的视觉对美的基本需求。

　　一个空间中有一个主要的色相起到确立视觉重点的作用，可以将其视为单色的空间。不要以为单色就是一个色相而无法搭配出多彩的空间，要知道明度和饱和度的微妙变化，可以让单一的色相创造出颜色丰富的色彩空间。因此，同一个色相明度的有序变化，或者饱和度的有序变化，是形成空间色彩和谐的基础。同时，由于每一个色相所承载的意义和让人产生的联想不同，它们由色调变化所传递出来的情感也是极为丰富的。另外，颜色和不同的材质、工艺、图案、肌理等组合在一起，在光的作用下，一样能创造出不同层次的美感。首先，让我们用一个 12 色的色相环来开启后面的配色游戏。

　　色相环中的暖色包括红色、橙色、黄色，通常让人联想到温暖的灯光、火、太阳、温暖和舒适。暖色也通常是有前进感的颜色，温暖和明亮的色彩引起人们对周围环境的关注，这可以用来营造愉悦、充满活力的环境。

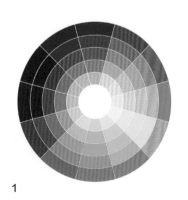

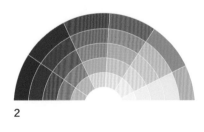

1　12色的色相环
2　色相环中的暖色

（1）**红色** 红色是代表兴奋和激情的颜色。如此具有视觉冲击力的颜色能立即吸引人的注意力。如果是非常饱和的红，建议小面积使用，令空间充满力量、热情，又与众不同。红色能通过提高心率和刺激食欲来影响人的身体，所以红色也成为厨房和餐厅用色的选择，卧室尽量避免大面积使用饱和的红色。对于室内空间，红色还是一种很棒的强调色，你可以用它来让略带冷调的房间更温暖。

"浓"色调的红色在室内适合小面积使用，呈现高级感的热情

红色在商业空间中可以大胆地大面积使用，体现出具有视觉冲击力的时尚感（图片提供：美国邓恩涂料）

（2）**橙色** 这种充满活力的颜色，带来积极性和创造力。饱和的橙色是一种令人愉悦的颜色，能让人感到温暖和精力充沛。在空间中营造出热情和动感，创造活泼、富有表现力、年轻感的氛围。和红色一样，橙色能刺激食欲，是厨房和健身房、快餐店的常用颜色。

1

2

（3）**黄色** 黄色是代表阳光的颜色，与快乐、幸福、智慧和能量有关。任何空间中使用黄色，都能感受到这种阳光一般的颜色带来的乐观和智慧。这种充满活力和自信的颜色，会令人心情愉悦。饱和的黄色因为"自带光环"的高明度，不适合在居住空间中大面积使用。"苍""烟""浅""混"色调的浅黄色，都是空间常用的大面积用色。

3

4

有性格的空间
色彩情感与室内配色指南

1　"亮"色调的橙色出现在背景墙面、装饰画和软装、地毯图案中，让空间统一而亮丽
2　在商业空间尤其是与餐饮有关的空间中，"混"色调的橙色令人心情愉悦并感到温暖
3　"亮"色调的黄色墙板饱和度高而呈现出金色感觉，与精致的柜门配件形成呼应（图片提供：百得胜定制）
4　"苍"色调的黄色为明亮的空间增添设计感
5　明亮的图案构成黄色的综合视觉效果，增添空间活力
6　"黯"色调的绿色结合了盥洗室中黑色的边框和灰色图案的瓷砖，形成了高贵的视觉语言

（4）**绿色**　绿色这种源于自然的颜色，在空间中带来平静和安全的感觉。不同色调的绿色可以唤起完全不同的感觉，深绿色与雄心联系在一起，而水绿色与情感的治愈和保护联系在一起，橄榄绿则是和平的传统颜色。在色相环上，绿色在暖色和冷色之间处于平衡的位置，不仅可以传达出黄色外向、活力的一面，还承载了蓝色的平和、冷静效果。如同所有色相一样，绿色的明度和饱和度的各种变化所呈现的调性，也让绿色带给我们多种情绪感受。同时，偏黄色的绿以及偏蓝色的绿，各自也有着不一样的性格。

5

6

1

2

3

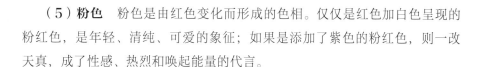

1 "混"色调的绿色运用在柜面和沙发上，与空间中大面积的"烟"色调米色搭配，在空间舒适感上增添了时尚语言（图片提供：百得胜定制）

2 不同明度的绿色在橱柜和地面同时出现，形成空间色彩的呼应关系（图片提供：美国邓恩涂料）

3 略带冷调的粉红色，呈现出空间的高级感（图片提供：美国邓恩涂料）

4 传递出天真、清纯的粉红色是"烟""浅"色调的高明度的粉色

5 西班牙马德里的Patricia Bustos Studio采用12种深浅不同的粉红色设计的公寓

（5）**粉色**　粉色是由红色变化而形成的色相。仅仅是红色加白色呈现的粉红色，是年轻、清纯、可爱的象征；如果是添加了紫色的粉红色，则一改天真，成了性感、热烈和唤起能量的代言。

4

5

塑造空间的颜色美感

（6）**棕色**　棕色是明度低、饱和度高的橙色，也是红色和绿色两种对比色相加产生的颜色，棕色常常能从自然界的材料中获取，如木材、泥土等，因此天然地拥有自然的气质。

棕色可以是永恒的、经典的，同时也是具有现代化的。明度从高到低的棕色，都可以和其他颜色很好地融合在一起搭配使用。

在室内空间中，棕色是一个非常易于使用的颜色，它可以传递出回归自然的风格，而暖棕色的墙面，也是室内常用的色调，呈现出温暖和贴心的空间语言。

冷色调是包含大量蓝色的颜色。大多是因为蓝色与水、冰和天空的联想有关，让人看到这组颜色会感到冰冷凉爽。正如前文描述的，绿色既可以是温暖的，也可以是寒冷的，但通常更倾向于后者。冷色调可用于创建轻松的、沉静的空间。

1

有性格的空间
色彩情感与室内配色指南

2

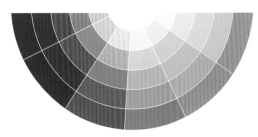

3

1 不同明度的棕色组合形成丰富的空间
   （图片提供：百得胜定制）
2 结合了白色的棕色调是传统的配色手法
   （图片提供：百得胜定制）
3 色相环中的冷色

（7）**蓝色**　蓝色所传递出来的稳定、智慧的含义让它适合在居家的客厅、办公空间和公共空间中出现。低明度、高饱和度的"浓""混"色调的蓝色呈现出男性化、工业化的特征，而高明度、低饱和度的"烟""浅"色调的蓝色又呈现出天真、纯净的一面。

1

2

3

有性格的空间
色彩情感与室内配色指南

（8）**紫色** 紫色兼具了冷色的沉静与暖色的热情，是一个相对复杂的色相，紫色的特点如同粉红色一样，偏冷和偏暖的紫色呈现出来的气质是完全不一样的。含蓝色更多的紫偏冷，显得更加男性而智慧；含红色较多的紫偏暖，显得更加女性而神秘。紫色还呈现一种其他颜色无法带来的精致、优雅和奢华感。

统一原则的应用主要有两种方式：单一色相的色调有序变化，以及同样强度的不同色相的有序变化。下面我们来展开讲解。

4

1 "烟"色调的蓝色营造宁静氛围的同时，传递出雅致的感觉
2 "浅"色调的蓝色与大面积的白色搭配，令空间清新明快
3 "浓"色调的蓝色给空间带来厚重的稳定感（图片提供：美国邓恩涂料）
4 "浓"色调的紫色营造出神秘、高贵的特质
5 "浅"色调的紫色在空间中呈现出年轻、浪漫的风情，"混"色调的紫色则给空间增添更多的优雅感

5

1. 色调有序变化

　　这是单色配色的表达方法之一。一个单独的色相，那些明度和饱和度的等阶梯递进或者递减所带来的色调有序变化的组合，是令视觉产生愉悦感的方法。

2

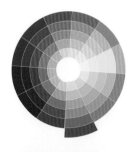

1

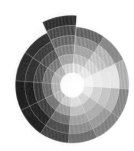

3

4

1 蓝绿色的"浅"色调与"亮"色调、
   "浓"色调的组合，形成单一色相的色
   调有序变化
2 "幽"色调加"黯"色调的橙色，不同
   明度的同一颜色组合，让厨房空间在功
   能性之外增添温馨感（图片提供：金牌
   厨柜）
3 黄色相从"浅"色调过渡到"苍"色
   调，体现宁静、温馨、自然、舒适（图
   片提供：卡百利涂料）
4 "浓""混""浅"色调的绿色在墙面、
   沙发和地毯上呈现（图片提供：美国邓
   恩涂料）
5 "黯""浓""混"色调的橙色搭配

2. 色相有序变化

色相有序变化意味着不同色相但是强度一致的一组颜色组合在一起具有和谐性。强度，是颜色的明度与饱和度的综合体现，也是色调的另一种解释。

1

2

艳

苍

1　同属"艳"色调的黄色
　　和蓝色与水磨石上的蓝
　　色和黄色相呼应
2　同属"苍"色调的"蓝
　　色＋红色＋黄色"

混

1

有性格的空间
色彩情感与室内配色指南

2

塑造空间的颜色美感

对比原则在空间设计中的运用

　　在审美要素中，节奏感和层次感常常是通过对比的手法体现出来的。在颜色搭配的和谐规律中，以色相环为底层基础的配色手段，是颜色组合通过"对比"产生美感的原则。

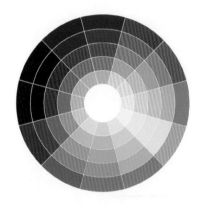

1. 类似色

　　12色的色相环中任何三种相邻的颜色称为类似色。类似色组合在自然界中很常见，同时可以看出，类似色组合也是遵循了统一的原则。使用类似色的配色方案减弱了对比，它们看起来比单色方案更丰富，而且容易显得和谐。

　　设计中需要把握以下要点。

　　①以一种颜色为主导，一种颜色为辅助，一种颜色为强调。

　　②色彩强度一致，可按任意比例搭配。

　　③确保足够的反差，使空间层次更丰富（反差包括明度、饱和度和面积的差异；丰富类似色中某一颜色的明度、饱和度，为空间营造层次）。

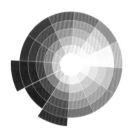

用蓝色和紫色的类似色配
色，空间中大面积使用
"烟"色调的紫色，"浓"色
调的蓝色则起到搭配作用

1

有性格的空间
色彩情感与室内配色指南

1 这个空间巧妙地运用了紫色玻璃创造出蓝色和紫色的类似色搭配，在中性灰的空间中非常亮眼

2 绿色和蓝色的类似色搭配。蓝色的饱和度更高，作为装饰出现，增加了空间的丰富性（图片提供：美国邓恩涂料）

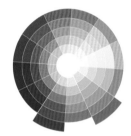

2

1

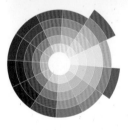

有性格的空间
色彩情感与室内配色指南

1　绿色和黄色在色相环上是类似色组合，空间中各元素同处"混"色调，产生和谐与对比共存的效果（图片提供：美国邓恩涂料）

2　由橙色、红色组成的类似色，显得温暖热情有活力

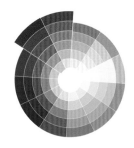

2

2. 互补色

　　互补色是色相环上相对的两种颜色。互补的颜色创造了最大的对比度，可以营造出充满活力的氛围。因为互补色的冲突感很强，因此要尤其注意各种同时对比现象的产生。

　　设计时需要把握以下要点。

　　①通过改变其明度和饱和度进行搭配。

　　②用一种颜色作主色时降低它的强度，其他颜色作强调色使用。

　　③注意调整颜色的面积比例。

　　④搭配辅助色，在两个饱和的互补色之间增加一个类似色，以减缓互补色之间的冲突。

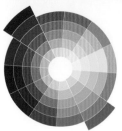

红色和绿色的互补，看似很冲撞，加入同类色的黄色，缓和了对比的强烈（图片提供：卡百利涂料）

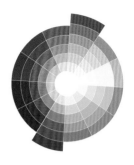

蓝色石材墙面迷人的纹理中的黄色调若隐若现，与黄色皮质沙发形成互补色对比（图片提供：蒙娜丽莎瓷砖）

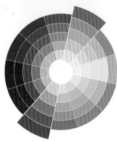

有性格的空间
色彩情感与室内配色指南

"混"色调的蓝色与木材的
黄色互补，墙面的蓝色花
砖、灯具的材质和细线条，
增添了空间的精致感

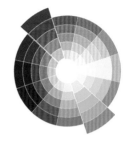

红色与绿色的互补，因为都
在"浅"色调里，又有白色
作为缓冲，显得年轻而又贵
气（图片提供：德国唯宝）

3. 三角形配色

　　三角形配色由色相环上间距相等的三种色相组成，就像三角形本身的活跃感一样，形成由三个跳跃的颜色组合在一起的视觉效果。

　　设计时需要把握以下要点。

　　①通过改变其明度和饱和度进行搭配。

　　②降低一种颜色的强度使其作主色，其他颜色作强调色使用。

　　③将一种颜色设置为饱和的"艳""亮"色调，另外两种颜色作为辅助色，形成降低了饱和度的放松且柔和色调。

　　④以"苍"色调为主，其他两色用于搭配，可以是任意的色调。

1　"浓"色调的红、黄、蓝三角形配色，成为在"幽"色调空间中提亮的点缀

2　在大胆的公共空间设计中，"浓"色调蓝色与木质地板的黄色结合，用"艳"色调的红色点缀（图片提供：美国邓恩涂料）

3　空间的主调是"烟"色调的蓝色和木色的黄，点缀"浓"色调的红色和"亮"色调的黄色，在这个红、黄、蓝三角形配色的空间中，红色成为亮点，避免了用色平均分配的尴尬

1

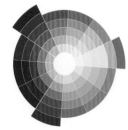

有性格的空间
色彩情感与室内配色指南

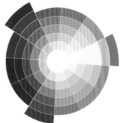

2

3

4. 分离补色配色

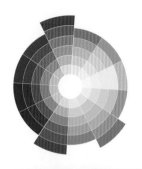

分离补色配色在色相环上犹如一个等腰三角形，由两种类似色和一种颜色的互补色组成，也就是添加了互补色的类似色配色。这种颜色组合没有互补色配色那么强烈，同时又增加了类似色的协调性。

设计时需要把握以下要点。

①通过改变色彩强度进行搭配。

②使用其中一种颜色，改变强度后让其作主色，其他颜色作强调色使用。

③将一种颜色设置为饱和的颜色，另外两种颜色作为辅助色，辅助色应该选择"烟""混""浅"色调的。

④以舒适为主的空间，要降低空间色彩的饱和度。

作为分离补色，"浓"色调的蓝色地毯，对应"苍"色调的红色墙面和作为点缀的"亮"色调的蓝绿色门框。用色大胆而跃动，用大面积"苍"色调作为主调，不失秩序

"浓"色调的红色、橙色与
青色组合，在对比中形成整
体的冷、暖调子的互相衬托
（图片提供：Kabel卡百利）

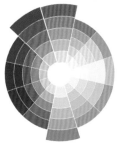

5. 四边形配色

　　色相环上可以形成正方形和长方形的颜色组合，也可将其看成是两对互补色进行搭配的结果。这样的颜色组合既有冲突，又有调和，色相丰富，能够形成天然的层次感，也需要更小心控制颜色的使用面积。

　　设计时需要把握以下要点。

　　①提高明度降低饱和度，即采用"苍""烟"等色调进行搭配。

　　②使用一种颜色作主色，减少其他颜色的使用面积。

　　③以中性色为主色，其余颜色采用"艳""亮"色调作为点缀色。

1

有性格的空间
色彩情感与室内配色指南

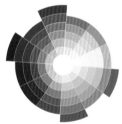

2

1 大面积"烟"色调的黄色、绿色加上少
   许红色，与"浓"色调的蓝色在面积上
   形成适合的比例关系，让空间色彩丰富
   而不失稳定感
2 "混"色调的空间，"亮"色调的红色在
   其中的点缀为空间增添活泼感

空间中的色调与情感表达

颜色在空间设计中最高层次的意义在于通过承载它们的材质、肌理、图案等元素来传递情感。

从前文的讲解中，了解了色相是基础，明度和饱和度的变化可改变颜色的色调。

设计师可利用各种不同的材质，共同营造同一个统一，又富有层次感的空间。

......

不同色调与不一样的空间情感

色调的不搭配秘诀

色调的搭配色

不同色调与不一样的空间情感

1. "苍" 色调

"苍" 色调——纯色中混合了大量的白色。它所传递的情感如下。

明快	细腻	清亮	朦胧	稚气	女性化	轻松	镇静
纯净	清爽	整洁	轻盈	清新	明朗	宁静	清净
安宁	单纯	清澈	宽敞	透明	清淡	清凉	圣洁

"苍" 色调带有一丝色相的高明度，可以为原本苍白的室内色彩增加趣味。"苍" 色调常与对比较强的 "浓" 色调、"艳" 色调进行搭配，来增加室内空间的立体感。

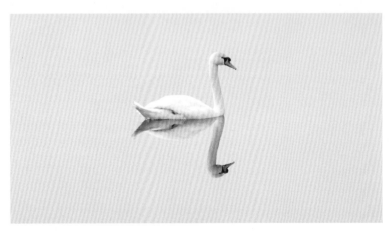

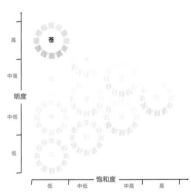

有性格的空间
色彩情感与室内配色指南

"苍"色调的空间中略带绿色相的墙面，与清浅色调的天然材质家具组合在一起，显得自然而轻盈（图片提供：美国邓恩涂料）

空间中硬朗、冷峻的各元素都在"苍"色
调中显示出一丝不苟的精致（图片提供：
金牌厨柜）

有性格的空间
色彩情感与室内配色指南

"苍"色调的配色

互补色	类似色	三角形	四边形	中性色

2."烟"色调

"烟"色调——纯色中混合了大量的白色和少量的灰色。"烟"色调里少量的灰色增加了颜色的朦胧感，它所传递的情感如下。

幽静	朴实	镇静	典雅	雅致	文雅	祥和	恬静
高雅	优雅	清凉	秀气	清净	乖巧	安宁	柔美
恬淡	含蓄	细腻	透明	温和	温柔	安静	舒适
素雅	清淡	平缓	淡泊	柔和	淡雅	朦胧	

"烟"色调常与对比适中的"浓"色调，或对比较弱的"幽"色调搭配，来增加室内空间的秩序感。

有性格的空间
色彩情感与室内配色指南

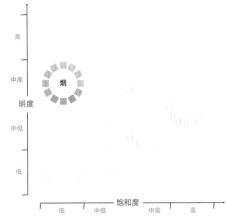

整个空间各元素都控制在低饱和度的"烟"
色调中，传递出一种安静、优雅的情感
（图片提供：金牌厨柜）

空间中的色调与情感表达

淡雅的"烟"色调是整个空间的基调,沙发靠垫加深了明度,让空间增加了层次感(图片提供:卡百利涂料)

有性格的空间
色彩情感与室内配色指南

"烟"色调的配色

互补色	类似色	三角形	四边形	中性色

3. "幽" 色调

"幽" 色调——纯色中混合了大量的灰色。它所传递出的情感
如下。

平缓	舒适	温和	淡雅	文雅	素雅	理智	安宁
典雅	雅致	朦胧	老实	稳重	安静	宁静	传统
深邃	淳朴	简朴	清静	冷峻	幽雅	镇静	幽暗
含蓄	沉着	朴素	朴实	保守	幽静	古朴	冷静

"幽" 色调常与 "黯" 色调、"烟" 色调搭配，使室内空间显
得朴素含蓄。

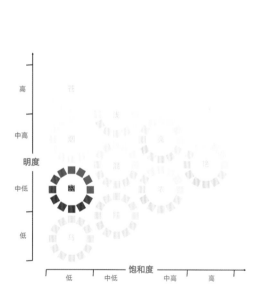

有性格的空间
色彩情感与室内配色指南

"幽"色调的地毯和暖绿色的橱柜，为厨房空间增加温暖的居家感（图片提供：奥田电器）

大面积柜体、墙面和家具的颜色均是中低明度、低饱和度的"幽"色调，显得稳重而有亲和力（图片提供：百得胜定制）

有性格的空间
色彩情感与室内配色指南

空间中大量运用瓷砖材质，
表面粗糙的工艺手法，让原
本冰冷的瓷砖呈现"幽"色
调，从而带来温暖的感觉
（图片提供：蒙娜丽莎瓷砖）

"幽"色调的配色

互补色	类似色	三角形	四边形	中性色

4. "乌"色调

"乌"色调——纯色中混合了黑色。大量的黑色,将原有的色相掩盖,给人带来的情感如下。

朴实	壮丽	粗犷	冷峻	古朴	老练	传统	浓郁
浓厚	稳重	沉稳	幽暗	厚重	深邃	保守	男性化
坚固	凝重	坚实	沉重	坚硬	深沉		

"乌"色调常与大面积的无彩色进行搭配,使空间张弛有度。"乌"色调常常被运用在家具中。另外,小而紧凑的空间墙面,也可以尝试使用"乌"色调,打破惯用的手法,创造全新的视觉体验。

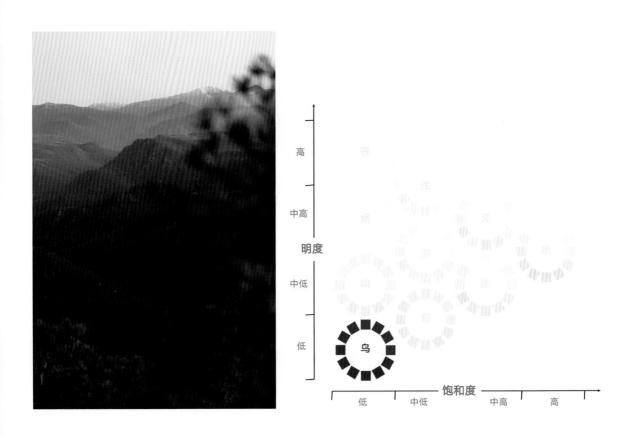

有性格的空间
色彩情感与室内配色指南

"乌"色调是这个空间的主
色调，搭配高明度的天花
板和地板，高光泽度的灯
具，"苍"色调的干花装饰，
令空间高级而不沉闷

橱柜、灶具、地面与深木色搭配，营造整个厨房空间的
"乌"色调，值得注意的是，在"乌"色调中可运用白色
的天花板和墙面，通过光带营造视觉上的功能性以及高级
感（图片提供：奥田电器）

有性格的空间
色彩情感与室内配色指南

"乌"色调的配色

互补色	类似色	三角形	四边形	中性色

5. "浅"色调

"浅"色调——纯色中混合了白色和浅灰色。"浅"色调与"苍"色调相比色相感增强，给人以秀气、清丽、柔美的感觉。

"浅"色调常与"苍"色调或者"亮"色调的颜色进行搭配，增加空间的柔和感。

柔美的配色方案由微妙的"浅"色调和白色搭配，传递出的情感如下。

秀丽	美好	愉快	秀美	温柔	娇嫩	清澈	清新
活泼	稚嫩	柔和	稚气	年轻	单纯	芳香	恬淡
清淡	鲜嫩	明快	甘甜	可爱	女性化	轻松	秀气
柔美	清丽	清爽	清亮	轻盈	轻快		

有性格的空间
色彩情感与室内配色指南

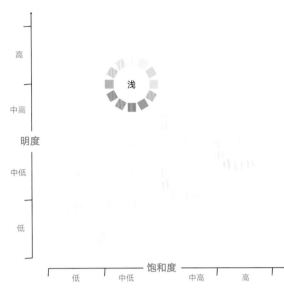

明度

高

中高

中低

低

浅

饱和度

低　　中低　　中高　　高

"浅"色调的空间中材质丰富多变却都在表现"质朴""天然"，如石墙、木质、芒麻、纸等，而家具和网眼装饰板极其精致，整个空间呈现出细致的工艺感

对比的蓝色和橙色，在同一个"浅"色调里就不显冲突，"亮"色调的黄色在其中起到提亮作用，增加层次感

有性格的空间
色彩情感与室内配色指南

"浅" 色调的配色

互补色	类似色	三角形	四边形	中性色

6. "混" 色调

"混" 色调——纯色中混合了中灰色。使配色方案产生一种舒缓、从容不迫、开放的吸引力。

安静	舒畅	整洁	美好	芬芳	温暖	细腻	雍容
优雅	安宁	高雅	幽雅	祥和	细致	端庄	文雅
温柔	韵味	恬静	雅致	舒适	简朴	温馨	温和

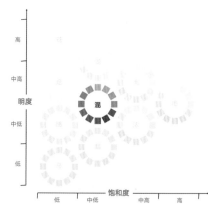

大面积使用明度、饱和度都适中的红色，配合其他元素的点缀，让空间变得温馨雅致（图片提供：德国唯宝）

"混"色调的绿色墙面与木色地面同属一种
视觉强度（图片提供：美国邓恩涂料）

有性格的空间
色彩情感与室内配色指南

盥洗室的两侧，透明、半透明玻璃屏风、芒麻面柜门、马赛克地面、艺术涂料结合色块分割，将空间的"混"色调表现得极为丰富

"混"色调的配色

互补色	类似色	三角形	四边形	中性色

7. "黯" 色调

"黯"色调——纯色中混合了少量的黑色。它所传递的情感如下。"黯"色调在室内空间中，作为与"浅"色调和"苍"色调对比的一种手段，能表现尊严、传统、忧郁的情感。"黯"色调常与大面积的白色搭配，增加空间的呼吸感。

保守	坚硬	坚固	淳朴	传统	深邃	贵重	从容
朴实	深沉	粗犷	沉着	男性化	沉重	老练	古典
浓郁	浓厚	成熟	凝重	厚重	稳重	幽暗	沉稳

沉稳的配色方案暗示着力量，给人粗犷、稳重的感觉；还暗示着深度、正直、权威、沉着和尊严。

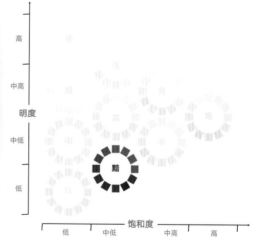

中国传统设计元素和色调在墙面、家具和柜体上统一运用，在"黯"色调中又让地面和家具表面呈现"苍"色调，让空间不至于显得压抑（图片提供：金牌厨柜）

"黯"色调的空间，需要巧妙利用光源制造神秘感（图片提供：德国唯宝）

有性格的空间
色彩情感与室内配色指南

"黯"色调的柜体与暗色的流纹岩板结合"苍"色调的天花板、地面与洗手台面，让空间不显得沉闷（图片提供：金牌厨柜）

"黯"色调的配色

互补色	类似色	三角形	四边形	中性色

8. "亮"色调

　　"亮"色调——纯色中混合了少量的白色。亮色调能够唤起尤为丰富的人类情感。

瑰丽	芳香	精致	艳丽	辉煌	单纯	清新	富丽
温暖	浪漫	鲜艳	时尚	稚气	清丽	轻快	秀丽
芬芳	秀美	热情	纯净	健康	可爱	舒畅	甜蜜
兴奋	生动	甜美	新鲜	女性化	鲜嫩	美好	清亮
年轻	运动	积极	乐观	娇嫩	朝气	动感	青春
欢快	欢喜	明朗	愉快	活力	明媚	鲜明	明快
活泼							

　　"亮"色调常与大面积的白色搭配，或者作为辅助色调搭配任意一种色调使用。

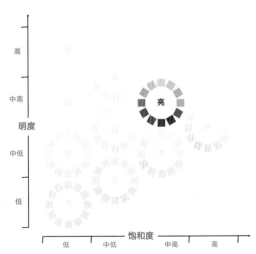

　　有性格的空间
　　色彩情感与室内配色指南

"亮"色调的黄色和绿色，
在整体的"烟"色调中令空
间灵动（图片提供：蒙娜丽
莎瓷砖）

"亮"色调的配色

互补色	类似色	三角形	四边形	中性色

9. "浓" 色调

　　"浓" 色调——在纯色色相中添加少量的黑色。"浓" 色调传递的情感如下。

秀丽	壮丽	粗犷	传统	华丽	瑰丽	富贵	富丽
旺盛	温暖	贵重	成熟	丰厚	充实	浓郁	浓厚

　　"浓" 色调可以任意与其他色调组合，也常常与不同材质的 "浓" 色调搭配在一起，营造出温暖和高贵的调性。

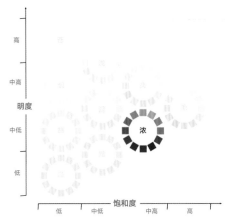

深邃的、饱和的蓝色瓷砖墙面传递出"浓"
色调的高贵（图片提供：蒙娜丽莎瓷砖）

艺术涂料呈现下的墙面连同家具一起，通
过"浓"色调传递出丰厚的情感（图片提
供：卡百利涂料）

有性格的空间
色彩情感与室内配色指南

"浓"色调的配色

| 互补色 | 类似色 | 三角形 | 四边形 | 中性色 |

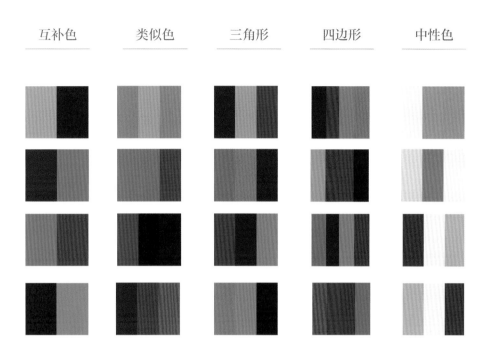

10. "艳" 色调

"艳" 色调——纯色的色相。它所传递的情感如下。

舒畅	芬芳	明朗	高贵	丰厚	可爱	甜蜜	女性化
年轻	秀丽	美好	明媚	新鲜	生动	愉快	动感
壮丽	欢喜	辉煌	吉祥	乐观	活泼	时尚	活力
青春	运动	积极	富贵	富丽	朝气	旺盛	华丽
欢快	鲜明	兴奋	鲜艳	瑰丽	热情	艳丽	

没有一种色调能像 "艳" 色调那样充满活力。在空间中，最常用的是用 "艳" 色调进行点缀，抑或是为公共空间的创造力提供充满活力的大胆配色，充满活力前卫的精神。

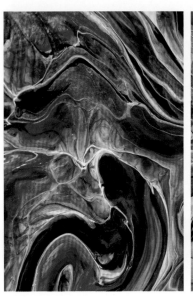

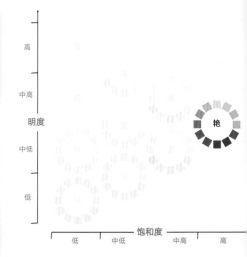

有性格的空间
色彩情感与室内配色指南

"艳"色调的配色

互补色	类似色	三角形	四边形	中性色

色调的搭配秘诀

看到这里你应该了解到，色彩的搭配必须通过不同色调来实现，因为单靠色相，是不能满足多样的审美诉求的。色调的搭配，可以简单地理解为明度的不同基调、饱和度的不同基调之间的组合。

1. 明度的基调

从总体调性来说，一个空间从整体来看在明度上可以分为高明度基调、中明度基调和低明度基调。

（1）**高明度基调**　空间整体以白色、浅灰等"苍"色调、"浅"色调为主，属于高明度基调。高明度基调为空间带来轻柔、干净、明亮、纯洁、清爽的心理感受。

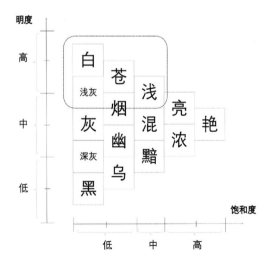

有性格的空间
色彩情感与室内配色指南

高明度基调的空间，给人干净、明亮的感
觉（图片提供：德国唯宝）

（2）**中明度基调**　灰色，以及"烟、幽、混、亮、浓、艳"色调均可让空间形成中等明度的基调，使人形成柔和、平静、自然、典雅、稳定的心理感受。

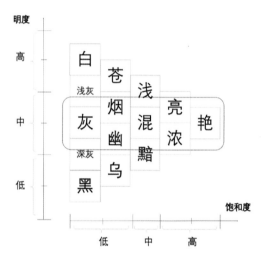

有性格的空间
色彩情感与室内配色指南

地面、柜体和家具共同形成中明度的空间基调，结合高明度的天花板和侧壁，使空间显得稳重而雅致（图片提供：德尔地板）

（3）**低明度基调** 空间整体以深灰、黑，以及"乌 、黯"色调呈现，均属于低明度基调。低明度基调带来有力、稳定、沉静、厚重的心理感受。

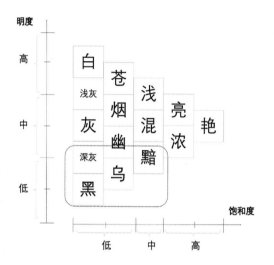

有性格的空间
色彩情感与室内配色指南

墙面、地面、天花板、家具均为低明度的
石材，辅以线性灯带，营造空间的沉静感
（图片提供：蒙娜丽莎瓷砖）

空间中的色调与情感表达

（4）**明度高反差**　同时包括"高低"或"高中低"三个明度等级的，属于明度高反差。明度高反差的配色给人以强烈、果敢、威严、明朗、浑厚、有力度的心理感受。

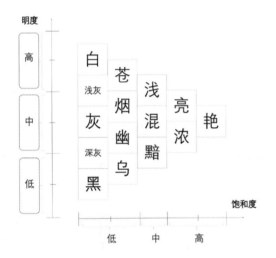

有性格的空间
色彩情感与室内配色指南

白色的卫浴产品与低明度的地面、墙面形
成对比（图片提供：德国唯宝）

（5）**明度中反差**　间隔一个色调的，属于明度的中等反差。明度中反差的配色给人以平和、爽快、自然、朴素、稳定的心理感受。

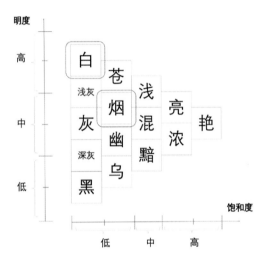

　　有性格的空间
　　色彩情感与室内配色指南

柜体、灶具、墙面、地面形成明度由高到中等的差别，突出低明度的黑色灶具，使整体空间层次分明（图片提供：奥田电器）

空间中的色调与情感表达

（6）**明度低反差**　同色调以及相邻的
色调，属于明度低反差。明度低反差的配
色给人以温和、朦胧、含蓄、柔弱、平淡、
优雅的心理感受。

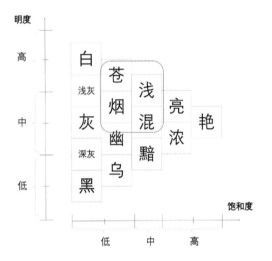

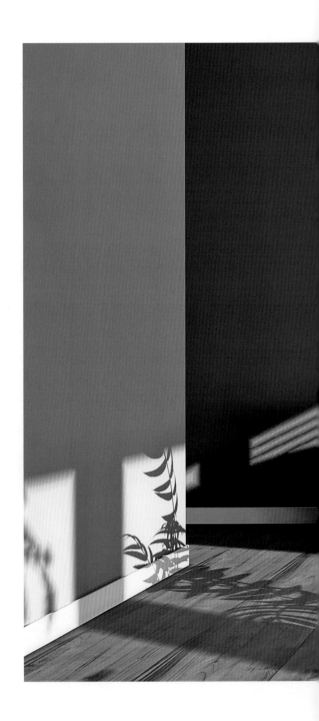

有性格的空间
色彩情感与室内配色指南

空间中各元素之间在"混""烟"色调中搭
配使用，形成明度的低反差（图片提供：
德国唯宝）

2. 饱和度基调

（1）**高饱和度基调** "亮、浓、艳"色调均属于高饱和度基调。高饱和度基调给人以强烈、鲜明、欢快、动感、活泼、华丽的心理感受。

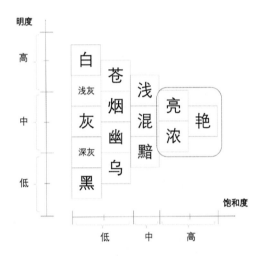

有性格的空间
色彩情感与室内配色指南

高饱和度基调的空间，从视觉和心理上都
给人强烈的冲击力

空间中的色调与情感表达

（2）**中饱和度基调** "浅、混、黯"色调均属于中饱和度基调。中饱和度基调给人以温和、雅致、简朴、恬静、柔软的心理感受。

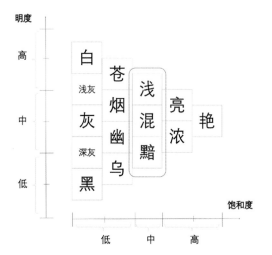

有性格的空间
色彩情感与室内配色指南

整体空间大面积的地板和墙面均由中等以
及中偏高的饱和度搭配而成，表达出温暖、
高雅的风范（图片提供：德尔地板）

（3）**低饱和度基调** "苍、烟、幽、乌"色调，以及黑白灰均属于低饱和度基调。低饱和度基调给人以朦胧、优雅、柔美、含蓄、清淡的心理感受。

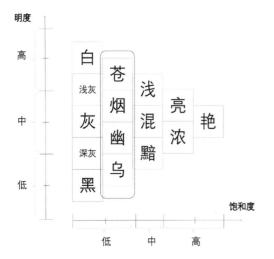

有性格的空间
色彩情感与室内配色指南

墙面、地面、沙发家具等均属于同样的低
饱和度，整个空间传递出深沉有力的气质
（图片提供：德尔地板）

（4）**饱和度高反差** 同时包括"高低"或"高中低"三个饱和度等级的，属于饱和度高反差。饱和度高反差的配色带来强调与张力。

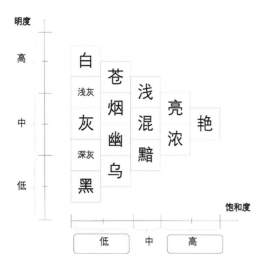

有性格的空间
色彩情感与室内配色指南

洁具以高饱和度呈现，与地面、墙面之间
形成饱和度的高反差（图片提供：德国
唯宝）

（5）**饱和度中反差**　同时包括"中低"或"中高"两个饱和度等级的，属于饱和度中反差。饱和度中反差的配色带来韵律与节奏感。

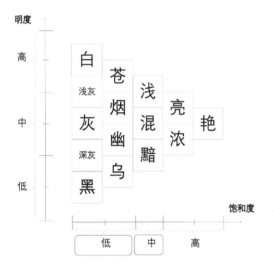

有性格的空间
色彩情感与室内配色指南

空间中的墙面、地面与洁具、隔断面之间
形成饱和度的中反差（图片提供：德国
唯宝）

（6）**饱和度低反差** 相邻色调以及同属一个饱和度等级的，属于饱和度的低反差。饱和度低反差的配色带来群化与统一。

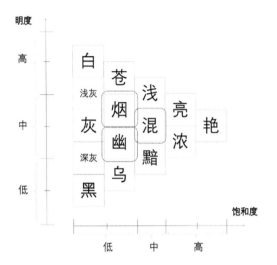

有性格的空间
色彩情感与室内配色指南

橱柜的色调与墙面、地面等的色调均为低饱和度的"苍"色调，使空间视觉效果统一（图片提供：奥田电器）

如此重要的光源

......

光　源　的　类　别

光　源　如　何　影　响　空　间　色　彩

光源的类别

　　没有光就没有色，光源是我们的眼睛解读颜色信号的基础。光源对于物体颜色的呈现起到了至关重要的作用，同样一个物体的颜色，在不同的光源条件下会呈现出不同的色貌。在室内空间设计中，光源的设定是影响空间色调的基础，也是最重要的条件和参数。因此，照明的确可以说是艺术与技术的结合。空间中的照明，从基本的满足照亮空间的诉求，到用于空间中的装饰，再到健康照明趋势，扮演了光与色共舞的角色，也承担了传递空间情感的作用。

　　通过前文的描述我们了解到，物体本身的颜色是由照明光源的光谱成分和物体自身的光谱反射比共同决定的。通俗地说，物体呈现在我们眼前的颜色，主要受灯光颜色和其本色的影响。

　　首先我们需要普及一些光源的概念，影响空间照明的主要因素是照度（illuminance）和色温（color temperature）。照度，是落在一个单位面积上的光的比例。通常用勒克斯（lx，单位表面积的流明）来表示。色温是一种量化光源的色彩印象的方法，通常表示为"相关色温"（Correlated Color Temperature，CCT），以热力学温度开尔文（K）表示。不同的色温给人不同的环境感受，我们根据色温将光源分为暖色光、中性色光和冷色光。

　　暖色光的色温在3300K以下，暖色光与白炽灯相近。2000K上下的色温则类似烛光，红光成分较多，能给人以温暖、健康、舒适的感受。适用于家庭、宿舍、宾馆等场所或温度比较低的地方。低色温的光适合用在睡眠环境，因为它不会抑制人体内褪黑素的分泌而使人能安然入睡。

　　中性色光又叫冷白色光，它的色温在3300K到5300K之间，中性色光由于光线柔和，使人有愉快、舒适、安详的感受。适用于卖场、医院、办公室、餐厅、候车室等场所。

　　冷色光又叫日光色光，它的色温在5000K以上，光源接近自然光，有明亮的感觉，使人精力集中，不容易睡着。适用于办公室、会议室、教室、图书馆、展览橱窗等场所。冷色光不适合用于卧室，因为使用冷色光照明会抑制褪

这是一个室内场景的光源变化，可以看到，照明很弱的时候，我们看不到空间中的颜色，当阳光照进房间，部分空间呈现暖黄的色调，而不同的人工光源令空间呈现冷、暖的色貌

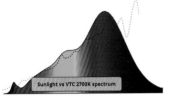
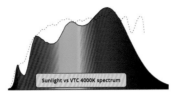
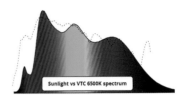

日光与 2700K 色温　　　　日光与 4000K 色温　　　　日光与 6500K 色温

1

1　不同光源色温的相对光
　　谱功率分布曲线
2　不同时间段天空光线的
　　色温

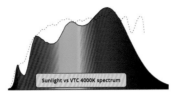

```
1000K
2000K
3000K          日出/日落
4000K          下午和煦的日光
5000K          中午的阳光
6000K          晴朗天空的阳光
7000K          少许阴天时
8000K
9000K          阴蓝
10000K         晴朗的蓝天
```

2

黑素分泌，使人难以入睡。

从上图不同光源色温的相对光谱功率分布曲线可以看出，2700K 色温的光源带有更多的红光和少量的蓝光，因此 2700K 色温偏红偏黄；4000K 色温的光谱曲线较为均衡，因此 4000K 色温稍微偏浅黄；6500K 色温的光源蓝光的相对能量较高，因此 6500K 色温偏蓝。

色温为 7500K 的光源是偏蓝色的光源。蓝色在 7500K 的光源照射下显得饱和度更高，但是绿色和红色就会受到抑制。

色温为 6500K 的光源也叫作 D65 光源，作为标准光源常用于油漆、塑料、纺织品、油墨、汽车和其他工业产品颜色的观察，也是色彩测量中的标准光源。

色温为 5000K 的光源是接近白光的光源，用于印刷、包装、摄影和其他平面艺术行业进行视觉评价时的光源。5000K 的光源中有相似数量的红、绿、蓝能量，所以既不强调也不抑制颜色。一般来说，白色的光因为是由等量的所有颜色组成，因此能使颜色看起来更自然和充满活力。不同时间段的天空，其光线的色温不同。

光源如何影响空间色彩

在空间中，主要有自然光和人造光两种类型的光源影响着空间色彩的呈现。自然光，也就是阳光，在一天中不断变化，并受到房间位置的影响。自然光源可以分为南向光源和北向光源。南向自然光，指的是直射的阳光，如朝南房间的自然光，带有更多的红光，色光偏暖；北向自然光是阳光经过大气中的空气分子、尘埃和水蒸气的漫反射进入空间，如朝北房间的自然光源，带有更多的蓝光，色光偏冷。相应的，朝东的房间，在中午之前，自然光呈现出暖黄色，然后光线慢慢变蓝。朝西的房间，傍晚的光线呈现出美丽的暖色，而早晨的光线并不充足。

一个空间的色调，白天在自然光的影响下呈现一个调性，夜晚则被不同的人造光源改变着色貌。

2700K	3000K	3500K	4000K	5000K
暖白色	柔白色	中性色	白光	冷白色
友好的 私人的 亲密的	柔和的 温暖的 愉悦的	适合交谈的 开放的 平静的	干净的 安静的 高效的	明亮的 冷的 警醒的
室内 图书馆 餐厅	室内 酒店房间 前厅 零售商店	行政办公室 接待区 超市	办公室 教室 市场 展示厅	印刷行业 医院 画廊 美容院

在同一面白墙上，不同色温的光源让白墙呈现不同颜色

▽ 朝南的房间·南向自然光　　　　　　　　　　▽ 朝北的房间·北向自然光

◻ 冷暖色偏 　　　　　◻ 冷暖色偏

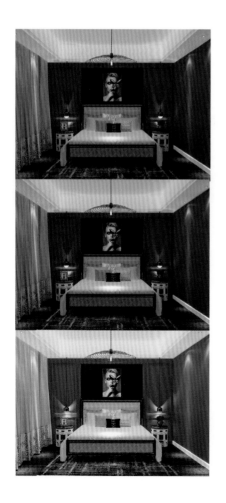

人造光源

◁ 2700K　　　◻ 冷暖色偏 ▭▭▭▭▭▭▭◉▭

◁ 4000K　　　◻ 冷暖色偏 ▭▭▭▭▭◉▭▭▭

◁ 6500K　　　◻ 冷暖色偏 ▭▭◉▭▭▭▭▭▭

有性格的空间
色彩情感与室内配色指南

光源在空间中如此重要，因此在空间设计的时候必须把光源看成是一个非常重要的影响因子，因为在不同的光源下所呈现出来的颜色，既会改变空间内所有物件的色调，更会因此而传递出不同的情感。

以下几条建议可以帮助你相对准确地找到你要的颜色：

①将你正在考虑的颜色涂刷在色板上，白天在各个朝向不同的房间里观察比对。

②自然光和人造光在一天的某些时候会一起使用，尤其是黄昏持续很长时间的夏天。所以，即使在白天也要打开人造光，看看你的色板会是什么样子。

③注意墙面的肌理，光滑的墙面会反射光线，让颜色更饱和，而粗糙的墙面反射较少光线，在强光下使颜色看起来更真实。

④饱和的地面颜色会反射到浅色的墙面上。例如，明亮的蓝色地毯可以在白色的墙上投射出蓝色的色调。

说不尽的室内空间颜色
缘于空间的 CMT

总结上述的色彩之旅，色彩在空间中从视觉上可以从功能、美感和情感方面第一时间对人产生影响。从基本色相开始，到因为明度和饱和度的变化而创造出各种色调，给人带来不同的心理感受。

想象一下，一个米色的瓷砖墙面和一个米色的皮质沙发，前者会给你光滑凉爽的感觉，而后者则是温暖和舒适的。值得再一次强调的是，色彩是结合了材料，以及材料表面的各种肌理而形成整体色貌，也由此形成了色调的丰富性。因此，通过把具有吸引力的颜色、材料和不同表面肌理的物品进行搭配，不仅能满足功能需求，还能创造更好的用户体验，并在情感上影响用户，营造出风格鲜明的室内空间。我们一再强调，在谈颜色与认知的时候，有一个重要的概念需要根植在心里，即我们不能单纯地谈颜色，因为空间的颜色是物体的颜色与工艺手段、材质肌理等联系在一起形成的整体色貌。

前文提到，在工业设计领域，产品的颜色、材料和工艺称为 CMF。CMF 在视觉和情感层面影响我们，是功能和美学的完美平衡。人类是通过视觉、听觉、味觉、嗅觉和触觉来解释和感受周围的世界，因此，不同材质的物品同样是通过各种感觉系统引起了人们不一样的感觉。

同样的，对于一个室内空间，整体的色貌以及色调的和谐会受承载不同颜色的、不同材质的室内元素的影响，这些元素包括墙面、地面、顶面、家具、窗帘、沙发等软装以及装饰品等，当然还有不同颜色的灯光，这些我们称之为 CMT，即颜色、材料、肌理。因此，空间中的 CMT 影响我们五感的全方位体验。

试想，你正坐在一张类似于花岗岩等坚硬材料制成的椅子上，它的外观也许是美丽的，但可能缺少你需要的那种亲近感。可以说，材料、肌理与颜色结合在一起，不仅表达色貌，也传达空间情感。在室内空间的设计过程中，各种元素的肌理可以是近距离触摸得到的，例如墙面、家具、软装和饰品等，也包括远距离的不能直接接触到的，例如天花板、顶灯等。因此，除了颜色以外，物体的材质和外部表面肌理可以通过触觉和视觉感知到。这就是空间设计的特殊性和有趣的可发挥的地方，利用颜色、材料和肌理所带来的不同效果创造各种形式的空间。你可以发挥自己的想象，当你踩在白色的柔软的地毯上，手在粗糙的原木色木质桌面上滑动，身体陷进棕色皮沙发里，视线所及的天花板上的吊灯是水晶透明的，书架上有黑色铁艺的相框 …… 无论你是否与空间进行身体接触，都能感受到颜色、材料和肌理的力量。

· · · · · ·

C M T 构 成 室 内 的 元 素

C M T 创 造 功 能 性

C M T 增 加 空 间 的 层 次 感

C M T 营 造 空 间 的 情 感

CMT 构成室内的元素

1. 墙面的材质与肌理

　　墙面，常见的有乳胶漆墙面，在色彩应用宽泛的乳胶漆中，艺术涂料的利用以各异的施工手法给墙面带来不同的质感和视觉效果。有黑板效果，裂纹、布纹、海绵擦拭效果，条纹、笔触等绘画效果，金属感、各种海吉布纹样与涂料结合的效果等。更不乏仿石涂料、金属涂料等特殊的、增加各种质感的涂料。对于空间的墙面，壁纸、壁布等用图案形态为墙面带来的视觉效果更是数不胜数。

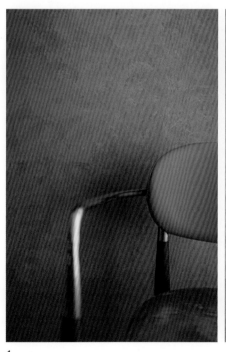

1　艺术涂料表现下的墙面肌理（图片提供：卡百利涂料）
2　涂料能制造出各种肌理，包括磨砂质感、拉毛质感、批刮质感
3　艺术涂料营造出的各种肌理（图片提供：卡百利涂料）

1

有性格的空间
色彩情感与室内配色指南

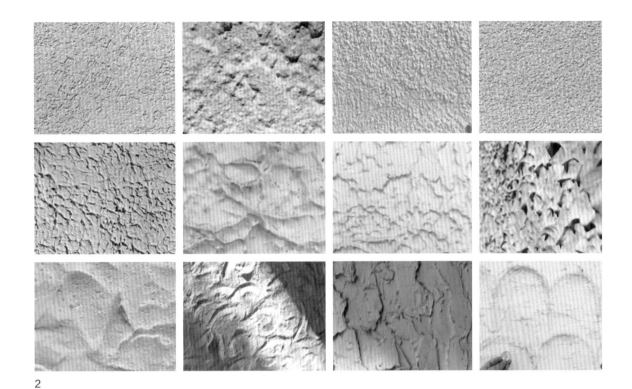

2

3

艺术涂料营造出的亚麻质感
（图片提供：美国邓恩涂料）

有性格的空间
色彩情感与室内配色指南

另外一个不容忽视的，也是最容易创造出效果的
元素，是壁纸以及壁画式壁纸。不管是那些有着花纹
图案的壁纸，还是可以依据墙面特殊绘制的壁画式壁
纸，都能轻易地为空间营造出非凡的视觉效果。

壁画式壁纸为空间营造
氛围感

有性格的空间
色彩情感与室内配色指南

壁纸的色调与墙面颜色呼
应也是要点（图片提供：
美国邓恩涂料）

2. 地面的材质与肌理

　　地面，则有天然木材和人造木材的地板，以及地毯、瓷砖、石材等材质的地面。其中，地板的各种工艺手法，为原本单调的木色带来丰富的视觉效果，从而产生或古朴、或高贵、或沉稳、或艺术风范的情感表达。

木材呈现的多种色调（图片提供：德尔地板）

手工勾缝的工艺，让地板呈现美式古朴的风格（图片提供：德尔地板）

有性格的空间
色彩情感与室内配色指南

1

2

1

2

1 （左起）地板激光雕刻
  工艺、锯纹工艺、镌纹
  工艺、炭化工艺（图片
  提供：德尔）
2 立体结构主义的拼接方
  式，令地板呈现出设计
  感十足的视觉效果（图
  片提供：德尔地板）

有性格的空间
色彩情感与室内配色指南

另一个室内空间常用的材料就是瓷砖。从生理感受到心理感觉，瓷砖总是以它冰冷的气质带来功能上的益处和装饰上的贵气感。然而，不同的工艺手法例如抛光和磨毛，让瓷砖的表面反光度产生微妙的变化，相对粗糙的瓷砖，也能体现出别样的温暖感。而光泽度高的瓷砖，则又体现出华丽的特质。此外，瓷砖的各种工艺也能够模仿不同的材料质感。

3　瓷砖的各种色貌（图片提供：蒙娜丽莎瓷砖）

3

1

2

3

1 白色大理石通过不同的图案创造视觉肌理，从而形成
  层次感
2 简单的白色因为凹凸的肌理而有了层次感
3 瓷砖的多面性，还体现在既可薄到透光用作灯饰，又
  可以作为墙饰（图片提供：蒙娜丽莎瓷砖）

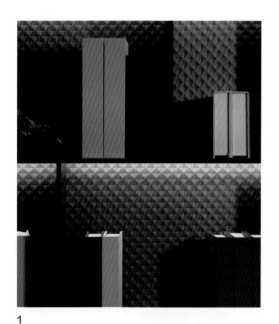

3. 家具的材质与肌理

　　家具的材质一般由木材、人造板、皮质材料、石材、玻璃、镜面、金属、塑料等组成，与地面和墙面一样，家具也因为不同的材质而呈现各异的色调。

1　钻石格纹的重复出现营造出视觉上的微妙立体感（图片提供：金牌厨柜）
2　盥洗室中的特殊涂层玻璃，让投射上去的元素自然形成不同的颜色，增添了空间的乐趣

有性格的空间
色彩情感与室内配色指南

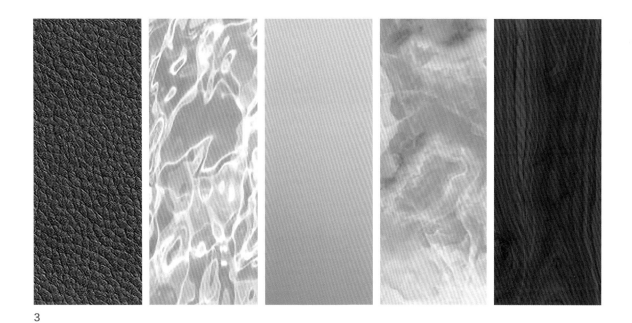

3

4

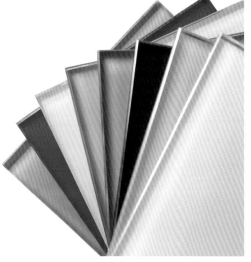

5

3　家具中常用的材料
4　彩涂铝板能带给厨具饱和的色彩表现
　（图片提供：奥田电器）
5　磨砂钢化玻璃既能在功能性上满足厨房
　中的使用需求，更以内敛的手法为饱
　和的色彩增加层次感（图片提供：奥田
　电器）

家具上还能运用很多天然色的材质营造温暖色调和自然的亲近感。

1

2

1　钢化夹丝玻璃的使用，让平凡的材质有了更多的层次与设计感（图片提供：奥田电器）

2　棕、麻呈现的天然色彩和肌理

有性格的空间
色彩情感与室内配色指南

3

对于厨房空间，各种表面工艺能带
给材质不一样的视觉效果，从而对整体
灶具产品产生设计外观的影响，进而让
整个厨房空间变得与众不同。

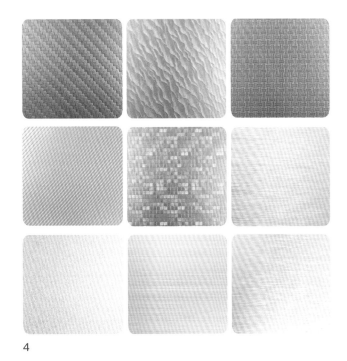

4

3　藤编质地的天然感
4　氧化铝板的表面工艺形
　　成的视觉效果（图片提
　　供：奥田电器）

1

1　用于厨房空间的渐变钢
　　化玻璃形成的自然色貌
　　（图片提供：奥田电器）
2　金属的肌理

2

有性格的空间
色彩情感与室内配色指南

3

3　加金丝的玻璃隔板，传
　　递出中国传统文化中的
　　精致感（图片提供：金
　　牌厨柜）

4　木纹和石材同属一个色
　　彩和调性，丰富了空间
　　的语言

4

4. 软装的材质与肌理

　　软装部分，各种天然面料如亚麻、黄麻、蚕丝、棉布、羊毛、马海毛、羊绒、驼毛，以及人造纤维如醋酸纤维、人造丝、三醋酸纤维、丙烯酸纤维、尼龙和聚酯纤维等窗帘、床品、靠垫等，都会带给人不同的触觉、视觉和使用感受。

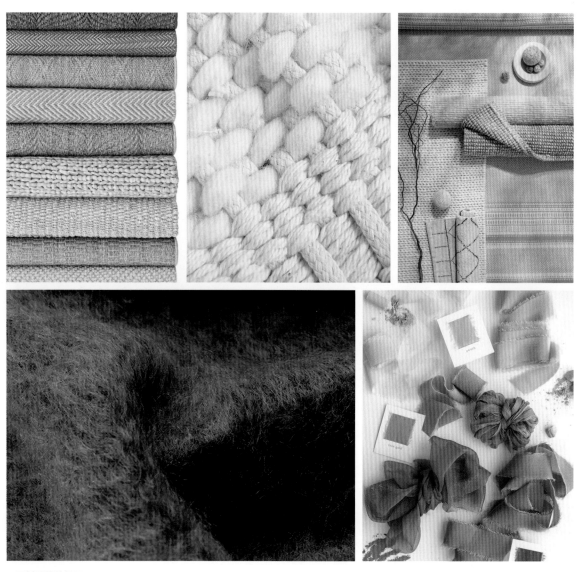

不同材质的纺织品

当然，对于空间内的饰品来说，可用的材料更是众多。因此，室内各元素的颜色、材料与肌理包括各种图案，传达了空间的情绪和风格，增加了室内表现的丰富性。

从分类上看，材质的肌理可以分为触觉肌理和视觉肌理。触觉肌理是由物体的物理表面肌理产生的，光线在肌理表面的波峰和波谷上的变化创造了高光和阴影，增强了视觉效果。当然，也是因为我们可以近距离接触到，触觉肌理涉及材料表面的实际感觉，如光滑、粗糙、柔软、坚硬、有棱纹、颗粒状或凹凸不平的感觉。视觉肌理，也可以称为视错觉或模拟肌理，可以通过颜色或图案产生。一个特定的表面可以看起来与它的触感非常不同，比如看似凹凸有致的表面其实是光滑的，小面积的肌理效果其实是丰富的图案造成的，而人造工艺的手法可以模拟出很多材料的肌理，如木材、砖、大理石、丝绸或石头。视觉肌理是我们对肌理的视觉感知，包括了室内空间中可以触摸到的以及距离身体比较远，只能从视觉角度感知的材料。换句话说，人们经常根据接触相似表面的记忆对材料的质地做出假设和联想。

可以说，对颜色、材料、肌理的整体考量，在设计中最容易被忽视，而肌理在提供视觉和触觉趣味方面是必不可少的，它加强了其他元素在传达设计理念时的情绪和风格。即使在颜色等其他元素有变化的情况下，过于单一的肌理也会产生令人乏味和不满意的设计方案，反之，在肌理丰富的前提下即便是使用少量的色相和材料，仍然可以产生丰富的效果。

1 同一色调的不同材质与肌理
2 单色的纺织品配件与空间其他元素一起营造出质朴、舒适的感觉

1

2

有性格的空间
色彩情感与室内配色指南

不同的材质让同一个色相
在室内形成丰富的设计感，
传递出天然、质朴、温暖
的感觉（图片提供：美国
邓恩涂料）

CMT 创造功能性

　　肌理可以通过光线的强弱和照射的角度来增强材质的美感或淡化表面材料的原先缺陷。例如，强烈的光线从一个角度照射使表面呈现高光和阴影，从而达到戏剧化的自然浮雕感；漫射光最大限度地减少了肌理，缓和了粗糙、凹凸不平的外观。肌理的应用也影响颜色的外观：光滑、抛光的表面能很好地反射光，吸引人们的注意力，并使颜色显得明度和饱和度都更高；粗糙和亚光的表面不均匀地吸收光线，所以它们的颜色看起来更暗。

1

1　墙面采用不规则砖体创意，相比质地光
　滑的墙面自成一体，装饰性极强。有
　光泽的皮质沙发，使"幽"色调的绿和
　"黯"色调的红形成互补
2　半透明磨砂质感的楼梯隔板为空间增加
　视觉上的美感
3　用艺术涂料涂刷出来的有纹理的墙面，
　与光滑的皮质家具形成有质感的对比
　（图片提供：卡百利涂料）

不同的肌理通过吸收、反射或扩散光，从视觉感知角度，为空间提供了功能性的改变。在房间里使用光滑的反光材料，如丝绸、镜面板材等，利用它们对光线的反射，使空间看起来更大，空间质感也更轻。有光泽的金属和有光泽的墙漆也能达到同样的效果。这些材料可以使颜色看起来更深，也更饱和。蓬松、粗糙的肌理通过对光线的漫反射，降低了材质色彩的锐度，创造舒适的感觉。例如，动物皮或羊毛制成的地毯，各种织物沙发、抱枕等，使颜色看起来更微妙和精致。未抛光的石头或木头、磨砂玻璃、磨砂金属或油漆也会使空间看起来更温暖。另外，与水平、垂直或斜线引导视线一样，带有方向性图案的肌理可以使表面看起来更宽或更高。粗糙的肌理也可以使物体看起来更近，减少它们的表面尺度，增加它们的表面"重量"。

　　选择不同的肌理有助于定义和平衡空间。如同饱和的颜色能成为视觉焦点一样，肌理的使用也可以增加视觉吸引力。试想，一个高光泽度的物品在周围柔和的材质中势必成为亮点。与颜色的各种对比使用一样，把一个光滑的肌理并置在一个粗糙的肌理旁边，并利用距离来控制想要达到的视觉效果是非常微妙的手法。粗糙的肌理更能使人感觉到空间的亲密感和平易近人，而使用光滑的肌理可给空间带来神秘和现代感。

2

　　有意思的是，肌理的使用还能起到便于维护室内空间的作用。光滑、平整的表面更易于清除灰尘和污渍，而不平整的表面，如深色地毯，可以在一定程度上掩盖灰尘。

　　设计师还可以利用肌理干预空间的声学效果，不均匀和多孔的肌理会吸收声音，而光滑的表面会反射并放大声音。肌理的功能性甚至还能在生理开发方面有所作为，例如，多种材质的饰品很适合小孩子的房间，在他们早期的成长过程中可以提供视觉和触觉刺激。

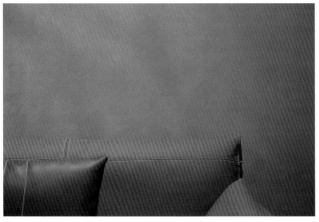

3

CMT 增加空间的层次感

　　一个空间设计的成功与否，很大程度上取决于其层次感。在不杂乱无章的前提下，让视觉充满趣味性也是空间设计的原则。以颜色为切入点，配合不同的材质和肌理，可以为空间增添另一个维度。空间里的每一个元素都有"质感"，从柔软的织物，到可触摸的较硬的材料，都可以让空间的语言活跃起来。拿地毯来说，只要将它放在一个关键位置，就可以迅速和室内其他元素融合在一起，不仅使触感更加厚实，蓬松的、编织的地毯还能增加肌理和视觉感受。对于不同质地的靠垫来说，则可以将素色的丝质坐垫与亮片或刺绣图案结合在一起，形成有趣的对比，也会创造出别致的外观。如同单色配色方案中可以使用不同明度、饱和度的色彩来增加层次感一样，添加对比的、混合的肌理，就可以为单色和谐的配色方案带来更多的视觉层次感。

空间墙面和家具的颜色，与
地面瓷砖的颜色呼应

"乌"色调的蓝与木质的黄色互补，质地呈现光滑和粗糙的对比，结合地面的棕麻地毯，创造出质朴温馨的空间

同一色相的墙面，有肌理的和光滑的墙面形成视觉的趣味感（图片提供：德国唯宝）

因此，擅于运用肌理对比的手法，是空间设计别具一格的秘诀之一，它能让空间设计增添大量的视觉趣味。如同颜色的互补对比能产生视觉冲击，肌理的混合使用产生的对比也是增加空间设计专业度，并达到丰富视觉语言的手段。

与对色彩的感知一样，对肌理的感知也受到邻近表面的肌理、观看距离和照明的影响。粗糙的表面在光滑的表面旁边看起来更有质感，如毛线、藤条或粗糙的原材料点缀在单色的光滑墙面旁；天然玛瑙和磨光木材，可以与织物的肌理创造出鲜明的对比。有质感的墙壁和地板如大理石地砖或光滑的墙面可以很好地与粗糙、原始风格的家具材料如木材或更有质感的混凝土墙面搭配；有质感的艺术涂料可与深沉但光滑的皮质沙发相配；温暖的壁纸、缎面或半光面的壁布可搭配单色的、做工精良的家具等。

"苍"色调的洗手台面与白色的水龙头结合，形成不同材质相同色调的层次（图片提供：金牌厨柜）

格栅背板和灯芯玻璃在相同纹理下有着不同的透明度，在形成层次感的同时，体现设计师的匠心（图片提供：金牌厨柜）

1

2

3

4

1 化石橡木与中国传统云纹镌刻的细节同时在柜体上呈现，在材质的对比中和谐统一（图片提供：金牌厨柜）

2 木材、石材与金属搭配，是天然感与工业感的对比

3 金属柔光烤漆和岩板台面的结合，用弧形设计让原本硬冷的材质多了一分温润（图片提供：金牌厨柜）

4 卫浴产品材质的光滑与墙面的肌理形成对比（图片提供：德国唯宝）

值得一提的是，图案也可以给空间添加点缀性的肌理层次，瓷砖、地毯和壁纸的图形元素，可以定义表面，影响尺度，传达设计风格，并为空间增添视觉效果。CMT中的"T"这个元素，可以理解成图案。空间中的图案，通过窗帘、床品、靠垫等纺织品，以及壁纸、各种瓷砖的图案等，以几何形、花卉、动物等各种主题和大小不一的纹样出现在空间中，成为空间重要的色彩组成部分。

有性格的空间
色彩情感与室内配色指南

此空间没有用到多种材质，但墙面的大色块图案，加上"浓"色调
的红色沙发，以及大色块图案的窗帘，共同塑造出空间的丰富性

各种瓷砖图案的组合

壁纸图案中的蓝色延伸至单色的蓝色墙面，虽然是"浓"色调，
但白色的门与天花板以及浅灰色的地面令这个小空间不压抑

不同的瓷砖图案和壁纸图案，成为这个盥洗室的装饰

卫浴玻璃隔板的图案设计
（图片提供：伊蔚娜）

各种大小不一的几何图案，
也是创造层次感的手段（图
片提供：德国唯宝）

有性格的空间
色彩情感与室内配色指南

在空间层次感的体现上，使用装饰性的饰面是很好的手法。带有微妙变化或者戏剧性视觉效果的肌理，如抛光的矿物、金属饰面和分层的彩色釉料就可以很好地增加层次，一些软反射光线的材料，如云母、铜、锡、青铜，还有古旧感的银和金等，也让空间变得活跃。当然，绿色植物无论何时都是最好的点缀。

有性格的空间
色彩情感与室内配色指南

植物花草、藤编花器结合原木和石材的粗
犷，显得温暖而亲和

"苍"色调的空间可大胆使
用不同肌理的材料

　　总的来说，明度高的如"苍"色调的空
间，可以大胆地利用肌理的作用，使用光
滑的表面材料和粗糙的软木、剑麻等天然
材料，形成空间的层次对比。

　　　有性格的空间
　　　　　色彩情感与室内配色指南

"乌"色调、"黯"色调这类低明度的空间，因为吸收了大量光线，为了避免空间看起来黯淡，需要增加一些光反射强的材料，例如镜面、金属、玻璃等，也可以利用光源的点缀来增加视觉亮点。

利用光源，也能令"乌"色调的空间显得灵动（图片提供：蒙娜丽莎瓷砖）

另外，照明也会对肌理的视觉质量产生影响，可以选择分层照明和高亮显示，对空间进行点缀。由于大多数的空间都是谨慎的、不易出错的中性色调，例如"混"色调和"烟"色调，要让空间不显得单调和平淡无奇，就可以结合一系列触觉和视觉肌理来增添空间的层次感。

一个明度和饱和度不同的橙色色相，可以用不同的材质进行表达

有性格的空间
色彩情感与室内配色指南

柔软的地毯与工业感的氛
围形成有对比的层次感

说不尽的室内空间颜色缘于空间的CMT

CMT 营造空间的情感

毛毡质地的灯罩、布艺沙发，与"混"色调的组合，传递出温暖舒适的感觉

如前所述，肌理有助于区分不同的物体和表面，转换光线，影响尺度，创造空间层次，当然，它也可以传达特定的设计风格和空间情感。不同的材质给人以不同的联想和感受，例如，当看到紫檀木的颜色和特有的花纹，与看到一次性筷子的颜色时，前者给人以珍贵的感觉，后者给人以廉价的感觉。这一切，与颜色所引起的情感和联想一样，是与每个人的经历密切相关的。

我们常说颜色的组合能传递情感，带来和谐的感受，事实上，是承载颜色的材料以及肌理带给人的不同感受，营造了空间的不同氛围。

我们可以按照材料带给人的不同心理感觉，来做整体把握。

1. 冷与暖

材料的冷暖与材料本身的材质属性有关，材料的冷暖一是表现在视觉上，如金属、玻璃、石材，这些材质在视觉上偏冷，而木材、织物等这些材质在视觉上偏暖。二是表现在材料与身体的接触上，通过身体的接触感知材料的冷暖，柔软的装饰织物如羊毛、毛毡等在触觉上使人感觉温暖，光滑的纺织品则令人感觉冷，如丝绸。材料的冷暖感是相对的，例如，石材相对金属偏暖，而相对木材偏冷。在设计中合理搭配，才能营造良好的空间感受。

整个空间几乎为单色的组
合，却在家具形态与材质
的完美搭配下，协调地传
递出自然、质朴、温暖的
感觉

空间中所有的元素都采用对光线反射低的材质，清冷中带有暖意，整体营造出素静、天然的感觉（图片提供：卡百利涂料）

有性格的空间
色彩情感与室内配色指南

石材营造的冷感，因图案而弱化（图片提供：蒙娜丽莎瓷砖）

2. 软与硬

　　室内空间中材料的软硬会影响人的心理感受，如纤维类的织物能产生柔软的感觉，而石材、玻璃则能产生偏硬的感觉，材料的软硬都会表现出不同的情感特征。软性材料，给人以亲切、柔和、亲和感；硬性材料，给人以挺拔、硬朗、力量感。想要给室内空间营造出一种温馨舒适感，就需要适度增加软性材料；想要给室内空间营造出一种稳重充实感，就要适度增加硬性材料。

**纺织品、陶艺、藤编呈现
软与暖的感觉**

有性格的空间
色彩情感与室内配色指南

水磨石、玻璃、不锈钢等材
质营造出硬的感觉

硬的瓷砖墙面与软的布艺结
合形成层次感，同时，瓷砖
的工艺采用柔化处理与图案
组合，令整个空间均处于低
反射光的状态，增加舒适
感（图片提供：蒙娜丽莎
瓷砖）

硬岩石的材质给人以最自
然的质朴感，与软的地毯
以及沙发搭配，对比鲜明

有性格的空间
色彩情感与室内配色指南

石材、镜面、布艺、金属，在这样一个角落用丰富的材质语言传递软与硬的结合（图片提供：金牌厨柜）

大面积的木色，结合与木色接近的皮质颜色，营造热带风情

总的来说，光滑的肌理反射更多的光，所以在视觉和感觉上更清冷和平静，营造一个更正式、现代或优雅的外观。凸起的、粗糙的或柔软的肌理会吸收更多的光，所以它们传达了一种温暖的感觉，也增加了视觉"重量"，可以营造一种更休闲并带有乡村或工业风格的效果。

在充分理解"中国人情感色调认知"的基础上，应用色调带给人的不同感

陶艺、原木、艺术涂料以及粗糙的砖石创造出古朴沉稳的感觉

透光玻璃和镜面瓷砖的结合，让原本相对较暗的角落最大限度地呈现出光感（图片提供：蒙娜丽莎瓷砖）

觉，通过材料以及各种肌理结合色彩，传递空间所要体现的情感，让一个空间的"外观"和"感觉"在CMT的共同作用下呈现。例如，质朴的室内设计，可以通过中明度、中饱和度的"混"色调实现，同时利用自然元素吸收光线，如木材、石头、硬木地板、牛皮沙发或传统的扶手椅和软地毯使空间温暖舒适；奢华的风格，用"浓""黯"色调呈现出低调的精致感，利用柔软的天鹅绒内饰可以营造出富丽堂皇却又不张扬的美妙感觉，而皮革地毯可以为空间增添光滑的精致感；现代设计风格，采用简单的配色方案、反光肌理和光滑的材料，使空间看起来更具开放性。地毯搭配金属元素也是实现现代外观的材料选择。浪漫风格的创建，可以通过"浅"色调，以及地毯、刺绣织物、复古花边、柳条家具和饰带来实现；选择柔软、细腻的面料可以营造女性化的氛围，纯朴的金属和丰富的木材可增加男性化的感觉，丝绸和天鹅绒的面料使空间更显高贵，而斜纹粗布沙发和灯芯绒抱枕则可以增加舒适的日常氛围。

手绘的砖墙图案个性十足，与地面的材质和图案融为一体

利用吊灯所形成的光影图案，增添了空间中的审美情趣

3. CMT 形成室内空间整体色调

现在我们一起看看，通过颜色、材质和肌理的组合，是如何整体形成空间色调的。

（1）"苍"色调

略带蓝色相的柜体颜色与石材墙面共同构成"苍"色调，黑色的灶具作为点缀出现，同时辅以延伸的黑色线条装饰在柜体上，呼应感很强（图片提供：奥田电器）

艺术涂料和布艺沙发、单色地毯共同营造安静的"苍"色调（图片提供：卡百利涂料）

说不尽的室内空间颜色缘于空间的CMT

有性格的空间
色彩情感与室内配色指南

"苍"色调的空间基调，辅以饱和度高的配饰，令空间灵动起来

（2）"烟"色调

整体空间以同色相的浅棕色营造出"烟"色调，橱柜的光滑与地面的花色形成微妙的对比（图片提供：百得胜定制）

墙面上有水彩画纸晕染效果的壁纸是这个空间的特色，结合所有软装的素色，将整个空间控制在"烟"色调中，温馨而亲和（图片提供：伊蔚娜）

"烟"色调与"苍"色调的
组合，让空间明快而雅致

"烟"色调材质组合示例

（3）"幽"色调

石材墙面、亚光柜体、单色布艺沙发、织物地毯结合柔和照明，营造出空间在"幽"色调下的温馨（图片提供：金牌厨柜）

类似色在"幽"色调中的运用

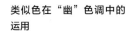

有性格的空间
色彩情感与室内配色指南

"幽"色调的基调由布艺沙发、地毯、地板和大面积的混凝土天花板、立柱组合而成，"混"色调的墙面为空间带来生气

"幽"色调材质组合示例

（4）"乌"色调

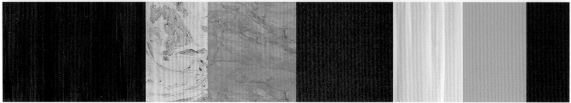

"乌"色调的墙面和地毯、床品，搭配原木色的地板以及白色天花板，令
空间不会压抑沉闷（图片提供：金牌厨柜）

有性格的空间
色彩情感与室内配色指南

墙面大胆地使用"乌"色调，配合地毯的图案，在这样的开敞空间中营造出高级的时尚感

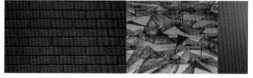

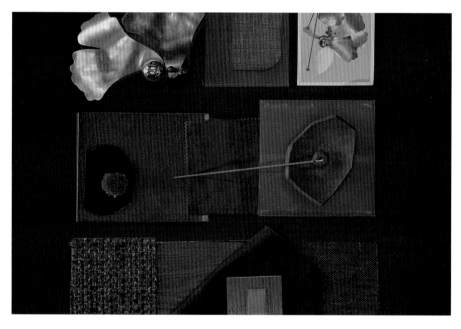

"乌"色调材质组合示例

（5）"浅"色调

"浅"色调适合孩子的空间，因此，使用浅色调的软木、绒面、木质不反光材料更显亲和

有性格的空间
色彩情感与室内配色指南

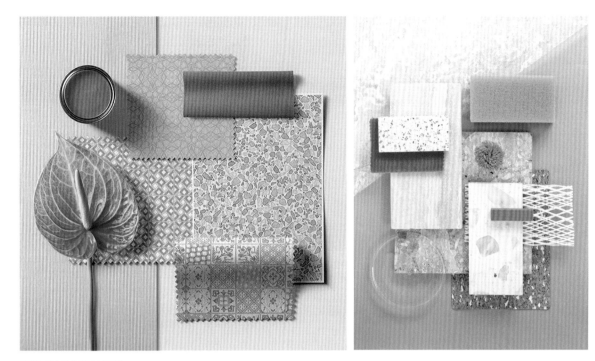

"浅"色调材质组合示例

"浅"色调的空间中使用粉
红色调的涂料,搭配水磨
石、木质地板、钢板和绒
毛沙发、玻璃、马赛克瓷
砖等,使空间显得丰富而
和谐

（6）"混"色调

空间中所有的材质都是低反射光的，智能触摸化妆镜的光带作为点缀，让这个衣帽间在"混"色调中私密而优雅（图片提供：金牌厨柜）

空间中有"混"色调的墙面、沙发、地板，因为有极好的采光，点缀金属亮光的灯具

木地板、木质桌椅的黄色
与沙发、橱柜的蓝色形成
互补色，在"混"色调里
呈现出精致和高雅

"混"色调材质组合示例

（7）"黯"色调

自然锈蚀肌理形成的图案
与深色的家具相搭配，光
源点缀出来的亮点使空间
生动起来

精良的金属材质、石材、木
质板材结合了边缘发光的玻
璃，使"黯"色调的空间呈
现高贵品质（图片提供：金
牌厨柜）

有性格的空间
色彩情感与室内配色指南

"黯"色调材质组合示例

皮质家具、深色木材、暗色石材、古铜色灯具以及同色调的大幅绘画，共
同打造出一个高品质的、充满贵族气息的空间

（8）"亮"色调

"亮"色调的墙面与白色的
布艺沙发、白色的灯饰搭
配，简简单单地传递出清爽
和温暖

明亮的"苍"色调空间，
辅以"亮"色调的柜门，
显得活力而时髦

有性格的空间
色彩情感与室内配色指南

黄色作为单一色相应用于
空间中，"苍"色调的地面、
"亮"色调的冰箱和橱柜，
以及"黯"色调的家具作为
点缀

"亮"色调材质组合示例

（9）"浓"色调

"浓"色调的绿色艺术涂料装饰的墙面，为空间带来高贵
的静谧感（图片提供：卡百利涂料）

"浓"色调壁画风的壁纸为
这个角落带来丰厚的温暖感

有性格的空间
色彩情感与室内配色指南

墙面的趣味图案壁纸以及床品、天花板形成"浓"色调，配合浅色调的窗帘和靠枕等，为空间增添轻松感（图片提供：伊蔚娜）

"浓"色调材质组合示例

（10）"艳"色调

门、墙面、家具均是饱和度
高的颜色，为空间创造出
"艳"色调，活力十足而又
不失节奏

"艳"色调材质组合示例

有性格的空间
色彩情感与室内配色指南

墙面的艺术涂料给"艳"色
调的绿两种不一样的色貌，
与丝绒的红椅子搭配，尽显
华丽（图片提供：卡百利
涂料）

由此可见，在空间设计的过程中，颜色、材质、肌理和光照，是四个重要的元素，还需要结合线条、形状、图案、比例进行综合考量，才能形成一个成熟的、有序的、完整的方案。通过合理搭配具有吸引力的颜色、材质和表面肌理，把整个室内空间推向一个全新的水平。不同颜色、材质和表面肌理的物品不仅能满足功能需求，还能创造更好的用户体验，并在情感上影响用户，成就真正打动人的设计。

在设计过程中，对于CMT的初步设想，可以通过制作材质板直观地感受整个空间的情感氛围。

在设计构思中，先定义好你想要表达的情感，再随之赋予色调，用材料样板表达空间中各个元素的颜色。

制作好的材质板

设计的空间与具体的材质
板展示

最终实现的空间效果

后记

在这场精彩的色彩与空间之旅结束前，你是不是还记得在翻开这本书时最初思考的问题：颜色，它存在吗？

医生奥利佛·萨克斯（Oliver Sacks）在20世纪80年代曾经写过一本书叫《火星上的人类学家》。这是一本关于七名患者的另类真实故事，讲述了他们由于神经方面不同的疾病而遭受生活上的变故。其中有一位色盲画家I先生，在一次车祸中被医生告知有些脑震荡，然而事实是，他发现自己成了一个全色盲的人。世界在他眼里成了黑白灰色，他无法分辨很多东西，曾经五彩斑斓的世界突然变成令他厌恶的环境。作为画家，I先生和色彩打了一辈子交道，而生病后则只能用他仅存的视觉感知——从形态、轮廓等方面作画和生活，彻底失去了感知色彩、运用色彩的机会。

早在1688年，近代化学的奠基人英国物理学家和化学家罗伯特·博义耳（Robert Boyle）就收集了一些他见过的比较不寻常的眼科病例，在《关于受损视觉的一些罕见观察》一书中，描述了一些因为受创伤而丧失色觉的病例。

曾经正常的色觉，竟然会因为身体遭受的伤害而从此让一个人陷入无彩的世界。所以，你认为颜色存在吗？

在人类的眼睛接受光，视网膜上的视锥细胞将光谱信息转化为神经信号，大脑再将这些信号加工处理之前，颜色只是各种光谱的存在。是人类将光谱上不同的波段命名了不同的颜色，又赋予颜色以各种情感和美。

那位I先生，因为大脑受损，余生不得不生活在黑白灰的世界里，因为他失去了大脑翻译光信号的帮助。

麦克斯韦将他发明的画有三原色的彩色板旋转以后，看到了灰色，彩色照片发明后，他推测出大脑对色彩的感觉就是将独立的颜色通过神经的关联而得到的。在麦克斯韦论证出现九十多年后的1957年，宝丽来的发明者埃德温·兰德（Edwin Land）通过分光束照相机的摄影实验重现了歌德的"色错觉"，提出色彩不存在于"外在"世界而是由大脑读出的。20世纪70年代，英国神经学专家赛默·赛奇（Semir Zeki）在经过了生理和脑成像试验证实后发现了大脑皮层下有一个叫作V4的区域，专门负责颜色感应和处理。2020年，中国的科学家们在著名的 *Neuron* 期刊发表的研究论文证明，任何来自视网膜的给定光的色调信息首先存在于V1中，但这种信息在V2和V4脑区经过神经元进一步的信息整合和编码处理后，初步形成人类的各种主观色调认知。结合其他更高级脑区的功能，视觉大脑作为一个整体，产生了对各种各样离散色调和亮度敏感的神经元反应，并组成了一个复杂的神经计算网络，以编码外界千变万化的光线，在大脑中产生了丰富多彩的颜色标签，从而使人类能认知颜色。

尽管目前我们从科学层面还不清楚色彩在等级化的不同视觉脑区是如何被加工处理的，尤其是如何形成心理主观层面上的颜色认知，但至少我们可以了解，V4作为我们大脑中的一个组成部分，在高层上与记忆、联想、期待等联合在一起，形成我们每个人特有的对颜色的感知、认知和经验。

最后，希望这本书教给你的不是去遵循各种颜色组合的原则，而是能自由运用颜色。颜色搭配和谐的法则，是为了让你看懂美，了解和谐之美形成的原因。自由运用颜色，前提是你因为不同颜色的故事而深深地爱上色彩，只有拥有热情、激情和兴趣，才会促使你不断探索颜色运用的更多可能性，在习得了色彩的基础知识和搭配法则的基础上，创造出属于自己的、具有个性的配色风格。

因为，颜色就存在于你独特的大脑中。

致谢

感谢以下品牌对本书的支持（排名不分先后）

邓恩进出口贸易（深圳）有限公司

蒙娜丽莎集团股份有限公司

广东卡百利新材料科技有限公司

唯宝贸易（上海）有限公司

德尔未来科技控股集团股份有限公司

宁波百得胜未来家居有限公司

AOTIN 奥田

浙江奥田电器股份有限公司

IvanaHelsinki

PaolaSuhonen

伊蔚娜家居设计(上海)有限公司

G 金牌

金牌厨柜家居科技股份有限公司

上海筑燕互联网科技有限公司

北京清美色彩科技有限公司